Albert Hurtz, Martina Stolz

Shop-Floor-Management

Wirksam führen vor Ort

BusinessVillage

Update your Knowledge!

Albert Hurtz, Martina Stolz
Shop-Floor-Management
Wirksam führen vor Ort
2., unveränderte Auflage 2015
© BusinessVillage GmbH, Göttingen

Bestellnummern
ISBN 978-3-86980-209-1 (Druckausgabe)
ISBN 978-3-86980-210-7 (E-Book, PDF)

Direktbezug www.BusinessVillage.de/bl/902

Bezugs- und Verlagsanschrift
BusinessVillage GmbH
Reinhäuser Landstraße 22
37083 Göttingen
Telefon: +49 (0)551 2099-100
Fax: +49 (0)551 2099-105
E-Mail: info@businessvillage.de
Web: www.businessvillage.de

Layout und Satz
Sabine Kempke

Abbildungen im Buch
Anuschka Hartmann

Illustration fiktiver Leser ab Seite 19
GiZGRAPHICS, www.fotolia.de

Druck und Bindung
www.booksfactory.de

Copyrightvermerk
Das Werk einschließlich aller seiner Teile ist urheberrechtlich geschützt. Jede Verwertung außerhalb der engen Grenzen des Urheberrechtsgesetzes ist ohne Zustimmung des Verlages unzulässig und strafbar.
Das gilt insbesondere für Vervielfältigung, Übersetzung, Mikroverfilmung und die Einspeicherung und Verarbeitung in elektronischen Systemen.
Alle in diesem Buch enthaltenen Angaben, Ergebnisse usw. wurden von dem Autor nach bestem Wissen erstellt. Sie erfolgen ohne jegliche Verpflichtung oder Garantie des Verlages. Er übernimmt deshalb keinerlei Verantwortung und Haftung für etwa vorhandene Unrichtigkeiten.
Die Wiedergabe von Gebrauchsnamen, Handelsnamen, Warenbezeichnungen usw. in diesem Werk berechtigt auch ohne besondere Kennzeichnung nicht zu der Annahme, dass solche Namen im Sinne der Warenzeichen- und Markenschutz-Gesetzgebung als frei zu betrachten wären und daher von jedermann benutzt werden dürfen.

Inhalt

Die Autoren 7

Einführung: Zukunft – Leistung – Menschlichkeit 9

Teil A: Arbeit und Führung in der Produktionshalle neu gestalten

1. Mit Mut zur neuen Arbeitsphilosophie 15
   1.1 Der Mensch und seine Leistung im Mittelpunkt 16
   1.2 In die Menschen investieren 20
   1.3 Führung vor Ort 23

2. Shop-Floor-Management – entscheidend ist, was in der Produktionshalle geschieht 27
   2.1 Gehen Sie mit Shop-Floor-Management „back to the roots". ... 28
   2.2 „Führung vor Ort" ist anders 30
   2.3 Ein Blick zurück: das falsch verstandene Lean-Management 32
   2.4 Nutzen Sie die Vorteile des Shop-Floor-Managements 36
   2.5 Vorteil Nummer 1: Sie verbessern kontinuierlich Ihre Prozesse und Abläufe 37
   2.6 Vorteil Nummer 2: Sie erreichen eine höhere Mitarbeiterzufriedenheit durch Wertschätzung und Anerkennung 38
   2.7 Vorteil Nummer 3: Sie erhöhen die Kundenzufriedenheit durch stabilere Prozesse 45

3. Das Shop-Floor-Management und die Matrixorganisation 49
   3.1 Mut zum neuen Denken erfordert Veränderungen auf der Organisationsebene 50
   3.2 Die Vorteile der Matrixorganisation nutzen 53

Teil B: Die zwei Organisationsformen des Shop-Floor-Managements

4. Führen vor Ort – die Arbeit in kleinen und effektiven Teams ... 57
   4.1 Der Shop-Floor-Manager als Assistent seiner Mitarbeiter: Die Bedeutung des Führens vor Ort 58
   4.2 Mitarbeiter von Betroffenen zu Beteiligten entwickeln 61

4.3 Ein Team leistet mehr als die Summe seiner Teile 63
4.4 Der Unterschied zwischen Shop-Floor-Manager und klassischem Teamleiter Produktion 64

5. Team-Führung von innen versus Team-Führung von außen – die zwei Organisationsprinzipien bei der Neugestaltung der Arbeit in der Produktionshalle 69

5.1 Die Hauptaufgaben des Shop-Floor-Managers als Fachexperte im Team.. 70
5.2 Der Teamleiter Produktion und seine Sterne-Inhaber 81

Teil C: Im Brennpunkt – Der Shop-Floor-Manager als Führungskraft

6. Die neue Herausforderung – Führen am Ort der Wertschöpfung 89

6.1 Vom Kollegen zum Chef 90
6.2 Der situative Führungsstil als Königsweg 97
6.3 Wer führen will, muss coachen 103

7. Ohne Ziele kein erfolgreiches Shop-Floor-Management: Mitarbeiter zielorientiert führen 109

7.1 Zielvereinbarungen – das Leuchtturm-Prinzip 110
7.2 Sieben Regeln für motivierende Zielvereinbarungen vor Ort in der Produktionshalle 112
7.3 Konsequenzen für das Zielvereinbarungsgespräch 121

8. Der Shop-Floor-Manager als Konfliktlöser: Konfliktlösekompetenz aufbauen 129

8.1 Konfliktlösekompetenz in der Produktionshalle 130
8.2 Konfliktlösungsstrategie – Schritt 1: Konfliktsymptome frühzeitig erkennen 132
8.3 Schritt 2: Konflikt im Gespräch genau analysieren 135
8.4 Schritt 3: Konfliktart feststellen 136
8.5 Schritt 4: Konsens herstellen 138
8.6 In verschiedenen Konfliktsituationen differenziert agieren 140

9. Der Shop-Floor-Manager als Weiterbildner: Mitarbeiter und Team qualifizieren und fördern 145

9.1 Mitarbeiter qualifizieren und weiterentwickeln 146
9.2 Teams qualifizieren und weiterentwickeln 150

10. Der Shop-Floor-Manager als Stress-Manager: Konstruktiv mit Belastungen umgehen 159
    10.1 Weg vom „Troubleshooting" 160
    10.2 Wertschätzendes Führungsverhalten als gesundheitsfördernde Maßnahme 161
    10.3 Stresskompetenz erwerben 162
    10.4 Weitere Strategien zum produktiven Umgang mit Stress 168

11. Der Shop-Floor-Manager als Change-Agent: Mitarbeiter und Team in der Produktionshalle für Veränderungen begeistern 175
    11.1 Die Sinnhaftigkeit notwendiger Veränderungsprozesse kommunizieren ... 176
    11.2 Sieben Gesetzmäßigkeiten für gelungene Veränderungsprozesse in der Produktionshalle 180

Teil D: Verbesserungsmanagement: Mit Shop-Floor-Management zur ständigen Weiterentwicklung

12. Mitarbeiter in einer wertschätzenden Vertrauenskultur zu Verbesserungsexperten entwickeln 191
    12.1 Verbesserungskultur als Bestandteil der Unternehmensphilosophie 192
    12.2 Der Shop-Floor-Manager als Motor des Verbesserungsprozesses 201

13. Visual Management: Mit Shop-Floor-Board und effektiver Meetingkultur zur Verbesserung 209
    13.1 Das Shop-Floor-Board als Informationszentrum 210
    13.2 Meetingkultur in der Produktionshalle 212

14. Der Shop-Floor-Manager als Problemlöser: Kein Verbesserungsprozess ohne systematische Problemlösung 221
    14.1 Problemlösungsprozess systematisch anstoßen 222
    14.2 Mit der Problemlösestory zu nachhaltigen Verbesserungen gelangen 233

15. Der Shop-Floor-Manager und sein Team als Prozessoptimierer 241
    15.1 In Prozessen denken ermöglicht Prozessoptimierung 242
    15.2 Tools beherrschen – die Prozessfluss- und Verschwendungsanalyse ... 243
    15.3 Kompetenzen des Shop-Floor-Managers: Dokumentationspflicht und Problemlösetechniken 245

16. Fehler als Chance zum Lernen und zur Verbesserung begreifen 249

    16.1 Der Fehler als wichtiger Schritt auf dem Weg zur Verbesserung 250

    16.2 Lernen vor Ort 251

    16.3 Aspekt 1: Fehler identifizieren 253

    16.4 Aspekt 2: Über Fehler kommunizieren 256

    16.5 Aspekt 3: Fehlerquelle analysieren 257

    16.6 Aspekt 4: Keine Angst vor Experimenten 260

Teil E: Das Konzept des Shop-Floor-Managements umsetzen

17. Ins Handeln kommen 263

    17.1 Umsetzungsfragen beantworten 264

    17.2 Den Austausch mit Führungskräften und Mitarbeitern suchen 266

Literaturverzeichnis 269

Stichwortverzeichnis 273

Die Autoren

Die Autoren sind Mitglieder der PTA, der „Praxis für teamorientierte Arbeitsgestaltung GmbH". Das Unternehmen (mit Hauptsitz in Köln) ist seit 1993 auf dem Markt und besteht aus einem interdisziplinären Team an vier Standorten mit 25 Beratern und Mitarbeitern. Die PTA arbeitet für über 200 Unternehmen aus verschiedenen Branchen und hat sich im Rahmen dieser fast 20-jährigen Beratungs- und Trainingstätigkeit als Experte im Bereich Shop-Floor-Management etabliert. Dies gilt insbesondere für Führungskräfte in der Produktion, die die PTA im Rahmen ihrer Weiterentwicklung und Qualifizierung begleitet.

Dr. Albert Hurtz ist einer der Gründer der PTA und hat 1995 zu dem Thema „Handlungsorientiertes Lernen in der Maschinentechnik" promoviert. Er ist geschäftsführender Gesellschafter der PTA und Projektleiter in zahlreichen Kundenprojekten. Seine Arbeitsschwerpunkte: Shop-Floor-Management, Verbesserungsmanagement, KVP, Teamarbeit, Coaching und Training für Führungskräfte, Begleitung von Unternehmenszusammenschlüssen, Kultur- und Leitbildentwicklung, Begleitung beim Aufbau von Produktionssystemen.

Martina Stolz ist seit 2008 Beraterin bei der PTA. Nach ihrem Studium in International Business Management studierte sie Erwachsenenbildung und Philosophie und arbeitet seitdem als Beraterin und Trainerin im Bereich der Personalentwicklung. Ihre Arbeitsschwerpunkte sind die Entwicklung von Fach- und Führungsteams und das Shop-Floor-Management. Themenschwerpunkte: Führungsverständnis und Führungskompetenzen,

Change-Management, Verbesserungsmanagement, KVP-Prozessbegleitung, Outdoor-Trainings und Großgruppen-Events.

Kontakt
PTA Praxis für teamorientierte Arbeitsgestaltung GmbH
E-Mail: pta@pta-koeln.de
Internet: www.pta-team.com

Einführung: Zukunft – Leistung – Menschlichkeit

Produktion sollte heute anders gehen, Produktion muss heute anders gehen, wenn Deutschlands Unternehmen ihre Wettbewerbsfähigkeit erhalten und steigern wollen.

Der Konkurrenz- und vor allem der Kostendruck in vielen Märkten ist in der Vergangenheit mit voller Wucht in Produktionshallen getragen worden. Es wurde dabei optimiert und eingespart, was möglich war. „Immer mehr in immer weniger Zeit", das war der übergreifende Schlachtruf der Kostenoptimierer und Lean-Management-Befürworter in den letzten zwanzig Jahren. Darin ist ein wahrer Kern: Führungskräfte und Mitarbeiter sind nach wie vor dafür verantwortlich, dass Aufträge fristgerecht erledigt und Kunden zufriedengestellt werden. Doch in den Unternehmen ist eine Belastungsgrenze erreicht. Immer offenkundiger wird, dass das Prinzip „Leistung" alleine nicht mehr reicht. Es muss von dem Prinzip „Menschlichkeit" ergänzt werden.

Der Faktor Menschlichkeit mit seiner wertschätzenden Führungskultur ermuntert die Menschen dazu, mehr Leistung zu erbringen – die schließlich dazu führt, dass Zukunft gestaltet werden kann. So schließt sich der Kreis von Zukunft, Leistung und Menschlichkeit. Wer Leistung will, muss wertschätzende Menschlichkeit im Führungsprozess bieten. Wer wertschätzende Menschlichkeit bietet, darf Leistung fordern.

Das Shop-Floor-Management und das Vor-Ort-Führungskonzept

Dies ist die Grundidee dieses Buches – und zugleich der Impuls, der uns dazu animiert hat, dieses Buch zu schreiben. Als versierte und erfahrene Berater, die nahezu jeden Tag mit den Problemen und Herausforderungen in der Produktionshalle konfrontiert werden, sind wir der Meinung, dass Produktion heute anders gestaltet werden muss. Unsere Überzeugung und Erfahrung: Die Führung vor Ort ist ein Erfolg versprechender Weg, den

Produktionsstandort Deutschland mit seinen leistungs- und zukunftsorientierten Menschen zu fördern und zu fordern.

Unsere Aufgabe ist es, Ihnen in diesem Buch zu zeigen, wie sich die Neugestaltung der Produktion mithilfe eines Konzeptes realisieren lässt, das sich unter dem Begriff des Shop-Floor-Managements fassen lässt. Im Mittelpunkt des Shop-Floor-Managements und damit auch im Mittelpunkt dieses Buches steht der Shop-Floor-Manager – er ist die reinere Verkörperung dessen, was wir, die Autoren, unter Shop-Floor-Management und des Vor-Ort-Führungskonzeptes verstehen.

Vertrauensvolle Beziehung führt zur Leistungssteigerung

Wir werden Ihnen im Folgenden eine detaillierte Beschreibung des Shop-Floor-Managements geben, und auch ausführlichere Erläuterungen zu den Aufgaben und Kompetenzen des Shop-Floor-Managers. Hier sei nur so viel gesagt: Fundament der Neugestaltung der Produktion und des Vor-Ort-Führungskonzeptes ist die stabile, vertrauensvolle Beziehung auf Augenhöhe zwischen Chef und Mitarbeiter. Sie geschieht jedoch nicht um ihrer selbst willen, sondern dient dazu, dass die Mitarbeiter ihre Bestleistung aktualisieren und einen bedeutenden Beitrag zur Steigerung der Wettbewerbsfähigkeit und zur Zukunftsgestaltung des Unternehmens beisteuern können.

Mit anderen Worten: Die stabile, vertrauensvolle Beziehung auf Augenhöhe zwischen Chef und Mitarbeiter ist der wichtigste Leistungstreiber in der Produktionshalle. Und diese vertrauensvolle Beziehung kann nur entstehen, wenn die Führungskraft, wenn der Shop-Floor-Manager so gut wie immer vor Ort ist und hautnah mitbekommt, mit welchen Problemen sich seine Mitarbeiter herumschlagen. Und wenn er mit ihnen gemeinsam die Probleme löst.

Was Sie von diesem Buch erwarten dürfen

Wir wollen Ihnen die Grundzüge des Shop-Floor-Managements erläutern und zeigen, welchen Beitrag das Shop-Floor-Management zur Neugestaltung der Produktion und zur Verwirklichung des Dreiklangs „Zukunft – Leistung – Menschlichkeit" leistet. Dabei gehen wir in fünf Teilen vor:

- Teil A: Hier erläutern wir die Grundzüge der Vor-Ort-Führung und stellen dar, warum das Shop-Floor-Management geeignet ist, diese Führungsphilosophie zu realisieren.
- In Teil B werden wir die Prinzipien der Führung vor Ort ausführlich beschreiben und die zwei Grundmodelle des Shop-Floor-Managements für die wertschätzende Führung am Ort der Wertschöpfung vorstellen.
- In den sechs Kapiteln des Teils C lernen Sie die umfangreichen Führungskompetenzen kennen, über die ein Shop-Floor-Manager – und auch ein Teamleiter Produktion – verfügen sollte. Eine besondere Herausforderung ergibt sich daraus, dass der Shop-Floor-Manager als „Erster unter Gleichen" zugleich Kollege und Führungskraft in seinem Team ist.
- Eine der Hauptaufgaben des Shop-Floor-Managers besteht darin, gemeinsam mit seinem Team in seinem Verantwortungsbereich Verbesserungsprozesse anzustoßen, zu planen und durchzuführen. Darum ist der Teil D dieser elementaren Herausforderung gewidmet.
- Teil E schließlich soll Ihnen erste Anstöße geben, das Gelesene auf Ihre Situation zu übertragen und in die Umsetzung zu gelangen: Überlegen Sie, was Sie tun können, um das Konzept des Shop-Floor-Managements zu verwirklichen.

Ein Wort des Dankes

Wir möchten uns bei den Menschen zu bedanken, ohne die dieses Buch nicht hätte entstehen können. Der größte Dank gilt an dieser Stelle unseren Kollegen Cornelia Go, Daniela Best, Mirjam Hubacher, Wolfgang Bauer, Nora Zeisel, Lucie S. Beus, Judith Claushues, Dr. Berthold Schwark und Ina Bruckmann, die uns ihr Wissen und ihre Erfahrungen zur Verfügung gestellt und damit ein festes Fundament für dieses Buch geschaffen haben.

Danken möchten wir an dieser Stelle auch unserer Kollegin Anuschka Hartmann, mit der die Grundidee zu diesem Buch geboren worden ist und die uns im gesamten Entstehungsprozess zur Seite gestanden hat.

Danken wollen wir vor allem Ihnen, den Leserinnen und Lesern, die bereit sind, sich mit unseren Gedanken und Vorschlägen zur Neugestaltung der Produktion und zum Vor-Ort-Führungskonzept zu beschäftigen.

Zu danken haben wir aber auch den Unternehmern und Führungskräften, die mit unserer Hilfe Shop-Floor-Management bereits eingeführt haben und es jeden Tag verbessern.

Der Leser im Buch

Besonders freuen wir uns, dass Sie uns bei der Niederschrift dieses Buches so intensiv unterstützt haben! Sie werden wahrscheinlich fragen, wie das sein kann? Nun – Sie kommen in diesem Buch vor. Wenn auch nur auf eine indirekte Art und Weise: Denn an zahlreichen Stellen in diesem Buch schaltet sich ein Leser ein, ein fiktiver Leser, der Einwände erhebt und uns, den Autoren, Fragen stellt.

Unsere Hoffnung ist, dass dieser fiktive Leser in den Leser-Autor-Dialogen genau die Fragen stellt, die auch Sie stellen würden, wenn wir uns in der Realität begegnen würden. Wobei es selbstverständlich wünschenswert wäre, geschähe dies: Wenn Sie also über den Leser-Autor-Dialog hinaus Fragen, Einwände, Kommentare oder Verbesserungsvorschläge haben, nehmen Sie bitte Kontakt mit uns aus.

Nun wollen wir aber langsam durchstarten. Eine Vorbemerkung noch: Der besseren Lesbarkeit wegen haben wir uns entschieden, meistens von – zum Beispiel – Kunden, Managern und Mitarbeitern zu reden und zu schreiben. Aber ebenso wie bei uns, den Autoren, in diesem Begriff natürlich auch die Autorin mitgemeint ist, sind bei den genannten Anreden auch Kundinnen, Managerinnen und Mitarbeiterinnen mitgemeint.

Jetzt aber viel Spaß beim Lesen und Umsetzen!

Ihre Martina Stolz und Ihr Dr. Albert Hurtz

Teil A:
Arbeit und Führung in der Produktionshalle neu gestalten

1.
Mit Mut zur neuen Arbeitsphilosophie

Was Sie in diesem Kapitel erfahren

- Sie lesen, warum Deutschlands Unternehmen nicht nur in die Technik, sondern auch in die Führung investieren sollten und den Mut haben müssen, neue Führungskonzepte für die Produktion zu entwickeln.
- Wir zeigen, dass und warum den Menschen, die am Ort der Wertschöpfung tätig sind, alle Aufmerksamkeit und Wertschätzung gehören muss.
- Moderne deutsche Unternehmen brauchen Führungskräfte, die nach der Philosophie „Zukunft, Leistung und Menschlichkeit" agieren. Diese Führungskräfte fordern Leistung – aber sie fördern Leistung auch, indem sie den Mitarbeitern wertschätzend begegnen.

1.1 Der Mensch und seine Leistung im Mittelpunkt

Es ist knapp zwei Jahre her, wir schreiben das Jahr 2010. Wir, die Autoren dieses Buches, stehen vor der Führungsmannschaft und der Belegschaft eines mittelständischen Unternehmens in Nordrhein-Westfalen, nahe der niederländischen Grenze. Die Firma ist seit langem im Maschinenbau tätig, hat aber in jüngster Zeit Probleme, ihre Position zu halten. Das Unternehmen sucht nach Wegen, besser zu werden, die Produkte schneller zu produzieren, Verbesserungen schneller umzusetzen, auf Kundenanforderungen flexibler einzugehen und gleichzeitig mehr Standardprodukte aus ihrem Angebotsprogramm zu verkaufen.

Um diese Ziele zu erreichen, möchte das Unternehmen vor allem die Produktion verbessern. Man hat von Shop-Floor-Management gehört und möchte die Vorteile dieses Konzepts nutzen. Auf einen Nenner gebracht, bedeutet das neue Denken: Führungsprozesse werden direkt in die Produktionshalle verlagert, an den Arbeitsplatz. Träger der neuen Führungsstruktur ist der Shop-Floor-Manager, der mit Wertschätzung seine Mitarbeiter in der Produktionshalle führt und eine gute Balance zwischen Leistung und Menschlichkeit zu realisieren versucht.

Shop-Floor-Management: Ausweg aus dem Dilemma?

Früher hatte das Unternehmen Vorarbeiter, die dafür zuständig waren, die Arbeit einzuteilen, Probleme mit den anderen Abteilungen zu lösen und sich um die Dinge zu kümmern, die nicht funktionierten. Dann aber wurde die Vorarbeiter-Ebene abgeschafft. Die Vorarbeiter bekamen andere Aufgaben, die Meister hatten nun vierzig und mehr Mitarbeiter zu führen. Fast zeitgleich wurde bei dem rheinischen Anlagenbauer auch noch SAP eingeführt, mit der Folge, dass die Meister viele administrative Aufgaben in SAP zu erledigen hatten. Bitte verstehen Sie mich nicht falsch. Ich bin kein Gegner von SAP. Doch bei allen Vorteilen von SAP ergab sich trotzdem in der Praxis der Führenden ein gewaltiger Nachteil: Die Zeit, vor Ort mit den Mitarbeitern zu arbeiten, wurde immer weniger.

Die Folge war, dass die Mitarbeiter sich weitgehend selbst überlassen blieben. Die Aufgaben wurden schon erfüllt, aber es gab keine richtige Weiterentwicklung und Qualitätsverbesserung in der Produktionshalle mehr und auch nicht mehr an den angebotenen Maschinen. Das hatte Auswirkungen auf den Verkauf. Denn ohne konsequentes Verbessern konnte das Unternehmen nicht mehr seinen Vorsprung halten. Die Konkurrenz aus Billiglohnländern holte schnell auf. Und es stand zu erwarten, dass die Konkurrenz über kurz oder lang immer mehr Aufträge gewinnen würde.

> **Fazit**
>
> Ohne eine deutliche Veränderung würde man sich auf dem Weltmarkt, der immer stärker umkämpft ist, nicht behaupten können.

Das Shop-Floor-Management wurde als ein Ausweg aus diesem Dilemma gesehen. Warum? Mit dem Shop-Floor-Manager wird wieder eine Führungskraft vor Ort installiert, die sich intensiv um Verbesserungen kümmert, die die Prozesse permanent optimiert und dafür sorgt, dass die Schnittstellen gut funktionieren, die sich mit den Konstrukteuren zusammensetzt und die Ideen der Produktion zur Optimierung der Maschinen einbringt und dafür sorgt, dass diese Ideen schnell umgesetzt werden. Und die sich intensiv mit den Kollegen im Team beschäftigt, um die Potenziale einzelner Mitarbeiter besser zu erkennen und für die Produktionsteams nutzbar zu machen.

Mit Körper, Geist und Seele in den Produktionsprozess einbringen

Um einem hohen Qualitätsanspruch gerecht zu werden, bedarf es eben nicht nur exzellenter Maschinen. Viel wichtiger ist es, mit motivierten und qualifizierten Menschen zusammenzuarbeiten, die nicht einfach ihr Tagespensum herunterspulen, sondern die sich mit Körper, Geist und Seele in den Produktionsprozess einbringen und darum Topleistungen bringen können.

Zukunft lässt sich nur mit Menschen gestalten, die das Beste für das Unternehmen geben wollen, mit Mitarbeitern also, die in jeder Schicht, in jeder Arbeitsstunde, ja, in jeder Minute bereit und willens sind, nicht nur ihr Werkstück zu bearbeiten, sondern ständig den Geist und die Augen offen zu halten für Verbesserungen:

- Wo machen wir Fehler, die abgestellt werden müssen?
- Wo kann durch einen, wenn auch nur geringfügigen, Handgriff eine qualitative Steigerung erreicht werden?
- Wo und wie können wir uns an unserem Arbeitsplatz dafür engagieren, damit das Team, die Abteilung, die Produktion, das Unternehmen als Ganzes noch besser werden?

Und um dies zu klären, stehen wir – im Jahr 2010 – in der Produktionshalle des Maschinenbauunternehmens. Denn wir wollen hier und nicht in den entfernten Büros der Geschäftsleitung ein neues Denken vermitteln. Es soll den Menschen direkt in der Produktionshalle die Idee des „Shop-Floor-Management" vermittelt werden. Daher sind wir auch hier und atmen den Geruch von Öl, Metallspänen und frischer Farbe, denn beim Shop-Floor-Management steht im Fokus, was in der Produktionshalle geschieht. Es ist kein Ansatz für Anzugträger und Stabsabteilungen, sondern es geht um den wahren Kern des modernen Industrieunternehmens.

Stopp, liebes Autorenteam, ich habe da mal eine Frage!
Erst einmal guten Tag. Sie sind also jener fiktive Leser, der uns in diesem Buch immer wieder kritische Fragen stellen wird?
Ja richtig, ich bin dieser kritische Geist. Mein Frage lautet: Sind denn diese Veränderungen von allen Beteiligten positiv aufgenommen worden? Der eine oder andere Einwand wird auch mit dabei sein?

Gut, wir stellen uns der Herausforderung gerne. Zu Ihrer Frage: Wir wussten damals: Das Echo wird zwiespältig ausfallen. Veränderungen stoßen immer auf Beharrungskräfte, auf Widerstand, auf Stolpersteine. Veränderungen finden selten von Beginn an so viele Anhänger, wie notwendig wäre, um den Change-Prozess reibungslos vonstatten gehen zu lassen. Warum sollte es also in diesem Unternehmen anders sein. Wir sprechen schließlich von einem mittelständischen Maschinenbauer, bei dem die Menschen traditionellen Werten verhaftet sind und nicht von einer Werbeagentur mit jungen Menschen, die hungrig auf Neues und Veränderungen sind.

Wer Veränderungsprozesse anstoßen, wer Shop-Floor-Management einführen, wer altes Denken durch neues Denken ersetzen möchte, muss Widerstände überwinden. Und dies gelingt nur mit Überzeugungskraft, mit Argumenten und vor allem Beharrlichkeit und unermüdlichem Einsatz, wodurch die Menschen – und damit sind die Mitarbeiter in der Produktionshalle und die Führungskräfte gemeint – dazu bewegt werden, alte Zöpfe abzuschneiden und sich auf etwas Neues einzulassen. Hinzu kommen müssen auf Seiten der Führungskräfte menschengerechte Verhaltensweisen, durch die die Menschen motiviert werden, den neuen Weg mitzugestalten.

Und den Mitarbeitern muss erläutert werden, was Shop-Floor-Management ist, warum dieses neue Denken notwendig ist und was es konkret für sie bedeutet, welche Vorteile, aber auch welche Nachteile es für sie hat.

1.2 In die Menschen investieren

Zwei Jahre später, im Frühjahr 2012, stehen wir wieder gemeinsam mit der Führungsmannschaft und der Belegschaft in der Produktionshalle und schauen auf ein sogenanntes Shop-Floor-Board. Das Board ist nur eine der zahlreichen Neuerungen, die in den letzten zwei Jahren im Zuge des „neuen Denkens" eingeführt worden sind. Doch das ist nicht das Wichtigste: Entscheidend ist, dass sich in den Gesichtern der Mitarbeiter etwas geändert hat. Man kann ihnen ansehen, dass ein neuer Wind in die Produktionshallen Einzug gehalten hat und nunmehr ein offeneres, sich gegenseitig befruchtendes Arbeitsklima vorherrscht.

Was ist nicht alles passiert!
Zuerst wurden die Führungskräfte ins Boot geholt. Sie sollten verstehen, was Shop-Floor-Management ist und wie es funktioniert. Dazu sind wir in Unternehmen gefahren, die schon Shop-Floor-Management eingeführt hatten. Vor Ort konnten die Führungskräfte erleben, wie es funktioniert und worauf es ankommt. Sie bekamen viele Impulse für die Gestaltung des eigenen Konzeptes. Es wurde viel diskutiert, auch sehr kontrovers. Aber es schälte sich mit der Zeit ein Konzept heraus, das passte.

Jetzt galt es, die Mitarbeiter davon zu überzeugen. An vielen Stellen gab es überraschend viel Zustimmung, aber es gab auch viele Zweifel:

- Wie sollen wir die Zeit finden, an Verbesserungen zu arbeiten?
- Ist der Shop-Floor-Manager wieder der alte Vorarbeiter, der uns sagt, was wir zu tun haben? Den wollen wir nämlich nicht!
- Ziehen die anderen Abteilungen mit?
- Akzeptiert die Konstruktion unsere Vorschläge jetzt? Bisher hat sie das nicht getan!

Nach vielen Gesprächen dann die Entscheidung: So machen wir es! Dann ging es an die Umsetzung: Die Kandidaten für die neuen Shop-Floor-Manager wurden gesucht, ausgewählt und trainiert. Ziele für einzelne Teams wurden gemeinsam mit den Mitarbeitern erarbeitet, einfache und brauchbare Kennzahlen festgelegt. Das Board wurde installiert und sorgfältig gepflegt. Die Shop-Floor-Manager nahmen ihre Arbeit auf und gewöhnten sich langsam daran, permanent darauf zu achten, was in der Halle passiert, wo es Probleme gab, wo die Produktion unsauber lief, wo der Arbeitsablauf unstrukturiert war.

Mit den Kollegen zu reden und ihnen zu helfen, die Probleme selber zu lösen, fiel den neuen Shop-Floor-Managern dabei am schwersten. Lieber hätten sie gleich angepackt und das Problem beseitigt. So dauerte es länger und war manchmal anstrengend. Aber mit der Zeit erkannten die Shop-

Floor-Manager, dass die Kollegen im Team es auch selber schafften, die Probleme rechtzeitig zu erkennen und selbst zu beseitigen. Dadurch gab es wieder mehr Zeit zu überlegen, welcher Hebel noch genutzt werden konnte, um die Ziele zu erreichen.

Jetzt nach zwei Jahren gibt es viel Stolz in den Teams. Wenn der Geschäftsführer sich vor die Truppe stellt und erklärt,

- dass die Kunden die Firma wieder bevorzugen, weil die Lieferzeiten viel kürzer geworden sind und die Qualität trotzdem auf konstant hohem Niveau geblieben ist,
- dass die neue Maschinengeneration auch durch die vielen Impulse aus der Produktion deutlich verbessert ist und der Konkurrenz ein gutes Stück voraus,
- dass die ehrgeizig gesteckten Ziele tatsächlich erreicht wurden,

dann ist das schon Anlass, stolz zu sein. Und es zeigt, dass der vor zwei Jahren gewählte Weg der richtige war, auch wenn man am Anfang nicht so richtig davon überzeugt war.

Merke

Shop-Floor-Management ist die unmittelbare Führung der Mitarbeiter vor Ort in der Produktion, die darauf abzielt,
- die Produktion permanent zu verbessern,
- die Verschwendung gezielt und permanent zu eliminieren,
- die Verbesserungspotenziale im Team kontinuierlich zu nutzen und
- die Mitarbeiter zu motivieren, sie einzubeziehen und ihnen das Gefühl der Wertschätzung zu geben.

Arbeit mit Menschen, nicht nur mit Maschinen – das allein ist schon eine Neuerung in der Produktionshalle. Denn Firmen, die dem alten Denken verhaftet sind, arbeiten eher mit Anweisungen und Anordnungen „von oben" – nach dem Motto: „Hauptsache, die Maschinen funktionieren und laufen, damit der Auftrag pünktlich fertig wird". Die Mitarbeiter haben zu tun, was in den Arbeitsanweisungen steht.

Stopp, liebes Autorenteam, ich habe da mal eine Frage!
Heißt das etwa, dass bei Ihrer neuen Führungsphilosophie die Aufträge nicht rechtzeitig abgearbeitet werden?
Bisher wurde es als zentrale Aufgabe gesehen, die Aufträge herauszubringen, und danach kam lange nichts. In Zukunft ist es natürlich immer noch erste Aufgabe der Führungskräfte, Leistung sicherzustellen und dafür zu sorgen, dass die Aufträge termingerecht erledigt werden. Aber daneben stehen gleichberechtigt die Aufgaben, ständig an Verbesserungen zu arbeiten, die Mitarbeiter und die Prozesse ständig weiterzuentwickeln und permanent an der Verschwendungsbeseitigung zu arbeiten. Es ist auch die Pflicht der Führungskräfte, eine menschliche Atmosphäre zu schaffen, in denen die Mitarbeiter ihrem Streben nach Verbesserung nachgehen können.

1.3 Führung vor Ort

In dem Maschinenbauunternehmen wurde mithin erkannt: Die Firma braucht eine schlanke Produktion mit schlanken Strukturen, keine verschlankte Führung. Es geht also nicht um das Ausdünnen der mittleren Führungsebene. Im Gegenteil: Diese wird verstärkt und ausgebaut. Denn die elementarste und weitreichendste Veränderung, die mit dem Shop-Floor-Management einhergeht, ist die Führung vor Ort.

Führung vor Ort, das heißt: Ein Shop-Floor-Manager ist Führungskraft und Teammitglied zugleich und zwar in der Produktionshalle. Die Teams des Maschinenbauunternehmens werden jetzt von einem Shop-Floor-Manager geführt, der zum einen als Führungskraft des Teams auftritt und zum anderen selbst Teammitglied ist. Er arbeitet quasi an der Grenze des Teams. Und daraus resultieren viele neue Aufgabenbereiche und Herausforderungen für den Shop-Floor-Manager und organisatorisch-strukturelle Umstellungen im Unternehmen.

Dazu müssen die Menschen auf der Mitarbeiterseite bereit sein, sich mehr als bisher üblich für „ihre" Firma zu engagieren. Und natürlich stehen all diese Veränderungen – insbesondere die Etablierung eines Shop-Floor-Managers und die neue Erwartungshaltung an die Mitarbeiter – in einem wechselseitigen Zusammenhang, sie bedingen sich gegenseitig. Und dies führt zuweilen zu gegensätzlichen Entwicklungen.

Die Widersprüchlichkeit von Veränderungsprozessen aushalten

Das neue Führungsverständnis, das sich im Shop-Floor-Management konkretisiert, ruft zweifelsohne ambivalente Gefühle hervor. Die Beharrungskräfte der Menschen, die lieber am Bewährten festhalten wollen, fanden bereits Erwähnung. Hinzu kommt die Gratwanderung, die entsteht, weil eine Firma die wirtschaftliche Komponente und Entwicklung im Auge behalten muss. Die Zahlen müssen stimmen, auch in Zeiten des Umbruchs.

Zum anderen ist es von großer Bedeutung, durch die anderen Führungsinstrumente des Shop-Floor-Managements dafür zu sorgen, dass die Mitarbeiter die Neuerungen mit Spaß und Freude umsetzen wollen. Dies macht Überzeugungsprozesse notwendig, die auch einmal Zeit kosten und unproduktive Phasen nach sich ziehen. Wer die Menschen mit auf die Veränderungsreise nehmen will und ihnen die Notwenigkeit, aber auch

Sinnhaftigkeit der Veränderungen erklären möchte, benötigt Zeit für Diskussionen und Überzeugungen. Gleichzeitig aber muss „der Rubel weiterrollen", muss die Produktion weitergehen. Das ist anstrengend und nicht immer leicht, es kostet sogar in vielen Situationen die Führenden einiges an Nerven und stellt Sie auf eine harte Probe. Doch ohne diese Anstrengung und ohne diese Ambivalenzen auszuhalten, wird keine Einführung von Shop-Floor-Management-Konzepten funktionieren. Der Weg zu wirklichen Neuerungen in Unternehmen und Organisationen ist – das zeigen uns unsere Erfahrungen als Arbeitswissenschaftler – eben immer ein eher langer Weg (hier dauerte es zwei Jahre) und es ist oft auch ein steiniger Weg. Eine wesentliche Eigenschaft wirklicher, echter Führungskräfte besteht unserer Auffassung darin, dass sie bereit sind, auch einen steinigen Weg zu gehen, wenn es notwendig ist. Sie halten sogar Widerstände und Kritik aus und gehen mit Beständigkeit weiter ihren Weg. Denn nur so sind wirkliche Erfolge in Change-Prozessen erreichbar.

Den Menschen vertrauen

Insbesondere die Arbeit in kleinen und flexiblen Teams, in denen Shop-Floor-Manager heute dafür sorgen, dass Mitarbeiter in der Fließmontage Verbesserungsvorschläge rasch an ihren Chef, das Teammitglied „Shop-Floor-Manager" kommunizieren und bei Fehlern Problemlösungsvorschläge erarbeiten können, trägt zum neuen Erfolg des Maschinenbauunternehmens entscheidend bei.

Und es ist der folgende Satz einer Topführungskraft des Unternehmens, der wie in einem Prisma das neue Denken und die Philosophie des Shop-Floor-Managements bündelt und spiegelt:

> **Merke**
>
> „Wir vertrauen den Menschen und den Potenzialen der Menschen in der Produktion, wir trauen ihnen zu, vor Ort kompetent zu agieren. Und die Menschen zahlen dieses Vertrauen zurück. Aber sie brauchen den notwendigen Nährboden, um ihre Potenziale auszuschöpfen."

Es ist die Aufgabe aller Führungskräfte, diesen Nährboden zur Verfügung zu stellen und ihn regelmäßig zu düngen. Wie das funktioniert, zeigen die folgenden Kapitel.

> **Fazit: Die Kernbotschaften des ersten Kapitels**
>
> - Der Mut zum neuen Denken verdichtet sich in dem Satz: Der Mensch steht im Mittelpunkt, der Mitarbeiter in der Produktionshalle rückt in den Fokus einer neuen Führungsphilosophie, der „Führung vor Ort".
> - Träger der „Führung vor Ort" ist der Shop-Floor-Manager.
> - Moderne Vor-Ort-Führungskräfte finden in ihrem Verhalten eine gute Balance zwischen Leistungsforderung und Menschlichkeit.

2.
Shop-Floor-Management – entscheidend ist, was in der Produktionshalle geschieht

Was Sie in diesem Kapitel erfahren

- Shop-Floor-Management ist die Führungsphilosophie, durch die das Konzept „Produktion neu gestalten" verwirklicht wird.
- Sie erhalten anhand eines konkreten Beispiels einen Eindruck, was mit Shop-Floor-Management gemeint ist und welche Führungsphilosophie dahintersteht.
- Entscheidend dabei ist die „Führung vor Ort", direkt am Ort des Geschehens in der Produktionshalle. Shop-Floor-Manager führen nicht mehr vom Büro aus, sondern suchen den Kontakt mit den Mitarbeitern direkt in der Produktionshalle. Denn die Produktionshalle ist der Ort der Wertschöpfung – sie muss auch zum Ort der Wertschätzung werden.
- Grundlage für die Führung vor Ort ist die Wertschätzung der Menschen durch die Führungskräfte.
- Sie erfahren von den Vorteilen des Shop-Floor-Managements: Sie verbessern zum Beispiel die Prozessabläufe, beeinflussen die Mitarbeitermotivation positiv und erhöhen so langfristig über bessere Produkte die Kundenzufriedenheit.

2.1 Gehen Sie mit Shop-Floor-Management „back to the roots"

Shop-Floor-Management ist die Führungsphilosophie und das Führungsinstrument, das Ihnen hilft, dem Mut zum neuen Denken Taten folgen zu lassen. Mit Shop-Floor-Management realisieren Sie die Neugestaltung der Produktion und verwirklichen die Idee, Produktion neu und anders als bisher zu gestalten. Shop-Floor-Management ist für uns zunächst einmal eine innere Haltung, die wir auch gern mit dem Slogan „back to the roots" umschreiben.

Was bedeutet das? Mitarbeiterführung wird nicht vom Büro des Vorgesetzten aus organisiert, wobei die Führungskraft wie ein VORgesetzter über den Dingen, über der Produktionshalle, über den Menschen schwebt. Es hat schon fast symbolischen Wert: das Büro des VORgesetzten, der durch sein

Fenster auf die Mitarbeiter in der Produktionshalle herabblickt. Wir sind der Meinung: Der VORgesetzte, der als ÜBERgesetzter von oben herab die Geschicke der Mitarbeiter lenkt, ist ein Auslaufmodell.

Shop-Floor-Management hingegen verzichtet auf den kontrollierenden Blick von oben, ohne dabei die Kontrolle zu verlieren. Die Führungskraft sucht den direkten Zugang zu den Mitarbeitern. Der natürliche Aufenthaltsraum des Shop-Floor-Managers ist nicht der Konferenz- oder Meetingraum, in den er seine Mitarbeiter zur Teamsitzung einlädt. Der natürliche Aufenthaltsraum des Shop-Floor-Managers ist die Produktionshalle. Shop-Floor-Manager sind nicht mit der Planung und Koordination von Konferenzen beschäftigt, sondern mit der Weiterentwicklung von Menschen durch eine Führung, die in der Produktionshalle stattfindet – und eben nicht im Büro.

Dieter Hohl drückt es so aus: „Die Führungskraft, die als VORdenker, VORplaner und VORbild auftritt und sich als Mitglied eines Teams definiert und über ein hohes Maß an Glaubwürdigkeit und Authentizität verfügt, entspricht eher den Vorstellungen selbstbestimmter und eigenverantwortlicher Mitarbeiter." Das ist eine anschauliche Beschreibung dessen, was Shop-Floor-Management unserer Meinung nach auszeichnet.

Stopp, liebes Autorenteam, ich habe da mal eine Frage!
Ihre Darstellung erinnert mich an die gute alte Meisterstruktur. Liege ich da richtig?
Ja, die Prinzipien des Shop-Floor-Managements knüpfen an diese Tradition an. Darum sind wir auch der Ansicht, dass sich das Shop-Floor-Management sehr gut in deutschen Unternehmen verwirklichen lässt. Denn es kann auf bestehenden Unternehmensstrukturen aufbauen. Der Meister zeichnet sich durch eine Dreifachqualifikation aus: Er ist ja nicht nur Spezialist auf seinem Fachgebiet, er ist auch Unternehmer und vor allem Ausbilder – und damit richtig nah dran an den Mitarbeitern, an den Menschen. Und diese „Mittendrin"-Funktion hat auch der Shop-Floor-Manager.

Der „gute alte" Fabrikrundgang

Bevor wir Ihnen die Prinzipien des Shop-Floor-Managements näher darstellen, wollen wir John Harvey-Jones (1924–2008) zitieren. Der englische Unternehmer sagte: „Ich mache schon seit dreißig Jahren Fabrikrundgänge. Wenn man sieht, dass etwas nicht stimmt, liegt es in neun von zehn Fällen am Management, die Mitarbeiter werden nicht richtig geführt. Und schlechte Manager schieben die Schuld unweigerlich auf die Mitarbeiter."

John Harvey-Jones setzt es als Selbstverständlichkeit voraus, dass der Unternehmer in seiner Fabrik unterwegs ist. Diese Selbstverständlichkeit ist verloren gegangen, muss aber zurück erobert werden, indem die Führung vor Ort wieder als Grundlage für den Erfolg des Unternehmens definiert wird.

Zudem verweist John Harvey-Jones auf den Kernpunkt der Führungsarbeit – und das ist das Führen von Menschen, die auch als Dienst an den Mitarbeitern verstanden wird. Ein Topverkäufer versteht es, in individuelle Kundenwelten einzutauchen, um jeden Kunden seinen Wünschen und Erwartungen gemäß zu beraten und ihm einen Nutzen zu bieten. Und ein Shop-Floor-Manager versteht es, in die Vorstellungswelt des einzelnen Mitarbeiters einzutauchen und ihn auf seinem Weg zu Höchstleistungen führen.

Jetzt ist es an der Zeit, endlich den Ort aufzusuchen, um den es uns zuallererst geht: die Produktionshalle.

2.2 „Führung vor Ort" ist anders

Wer diese Produktionshalle betritt, glaubt zunächst, sich in einem Seminarraum zu befinden. Eine riesige Magnetwand befindet sich im Eingangsbereich, eine Tafel, die mit roten, gelben und blauen Punkten und Farbflächen übersät ist. Oder findet hier eine Verkehrsschulung statt, Thema „Ampelfunktion"? Dagegen sprechen eigentlich die zahlreichen Balkendiagramme, deren Oberpunkte zu einer Verlaufskurve verbunden sind.

Nein, wir befinden uns in einer Produktionshalle, in der nach den Prinzipien des Shop-Floor-Managements gearbeitet wird.

> **Merke**
>
> Beim Shop-Floor-Management rückt die Produktionshalle wieder in den Mittelpunkt. Es handelt sich um die Wiedergeburt der Zusammenführung von Führungsebene und Ausführungsebene.

Im Fußball gibt es den Ausspruch „Entscheidend ist aufm Platz". Soll heißen: Alles Gerede vor und nach dem Spiel, alle Diskussionen in den Fernsehstudios, in der Umkleidekabine oder wo auch immer verlieren an Bedeutung. Wichtig ist, wie die Umsetzung der Spieltaktik auf dem grünen Viereck gelingt.

Ähnliches gilt für das Shop-Floor-Management. Alle betrieblichen Tätigkeiten, und zwar von der Entwicklung über die Produktion bis hin zur Qualitätssicherung werden so strukturiert, dass die Arbeit in der Produktionshalle effektiver, effizienter und fehlerfreier ablaufen kann. Und das führt unweigerlich zu einer höheren Mitarbeitermotivation.

Flugzeugsitze als Shop-Floor-Aufgabe

Ein entscheidendes Instrument dabei ist jene Magnetwand – das Shop-Floor-Board. Markus Riegger hat in einem Artikel in der Zeitschrift *MaschinenMarkt* anschaulich beschrieben, wie das Unternehmen Recaro Aircraft Seating GmbH & Co. KG, das in Schwäbisch Hall Flugzeugsitze herstellt, die Leitungsphilosophie Shop-Floor-Management zum Beispiel nutzt, um Mitarbeiter zu informieren, Arbeitsprozesse zu organisieren, Probleme schnell zu erkennen und zu lösen und die Fehlerquote zu reduzieren.

All diese Prozesse werden über das Shop-Floor-Board gemanagt. Dies gelingt durch Kurzbesprechungen, die an dem Board stattfinden. Bei Recaro etwa finden sich jeden Morgen um 7.45 Uhr der Director of Manufacturing, die acht Linienverantwortlichen der acht Montagelinien, zwei Meister, der Montageleiter sowie Vertreter aller wichtigen Abteilungen – etwa Qualität, Logistik und Einkauf – zu einer Frühbesprechung zusammen.

Auch die Bereichsleiter und sogar die Vertreter der Geschäftsführung haben sich verpflichtet, einmal in der Woche an der Frühbesprechung teilzunehmen. Das Motto der Führungskräfte lautet: „Mittendrin statt nur dabei" – für die Führungskräfte gehört es zum guten Ton, ihre Wertschätzung gegenüber den Mitarbeitern durch diese direkte Begegnung am Ort der Wertschöpfung zu beweisen. Es ist ein Ausdruck ihrer inneren Haltung, die Mitarbeiter nicht als Rädchen im Getriebe zu betrachten, das doch bitte schön zu funktionieren hat. Nein – die Vertreter der Geschäftsleitung sind der Überzeugung, dass dem Bekenntnis zur Wertschätzung konkrete Taten folgen müssen.

2.3 Ein Blick zurück: das falsch verstandene Lean-Management

Hintergrund dieser Entwicklung: Die Kunden und der Markt verlangen Schnelligkeit und Flexibilität. Wer am Markt überleben will, kann es sich nicht leisten, Entscheidungen auf die lange Bank zu schieben, Veränderungsprozesse lediglich langsam in Gang zu setzen und bei den Konsequenzen, die aus Fehlern gezogen werden müssen, langsam zu agieren.

In diesem Zusammenhang erweist sich eine Tatsache als Stolperstein: Auf der einen Seite stellen die Mitarbeiter in der Produktionshalle das Produkt her. Sie setzen die Kundenwünsche um, und das unter Bedingungen, die immer komplexer und herausfordernder werden.

Auf der anderen Seite trifft das Management die strategischen Entscheidungen und setzt Veränderungsprozesse in Gang, die in der Produktionshalle umgesetzt werden müssen.

So ist in vielen Firmen ein Problem entstanden: Führungsebene und Ausführungsebene sind (nicht nur) räumlich getrennt, sondern häufig auch nicht miteinander verzahnt. Denn die mitarbeiternahen Führungsebenen wurden in vielen Unternehmen wegrationalisiert.

Stopp, liebes Autorenteam, ich habe da mal einige Fragen!
Ist das Lean-Management für den Abbau des mittleren Managements in vielen Unternehmen verantwortlich?
Nein. Denn bei Toyota etwa bedeutet Lean-Management, dass ein Unternehmen nach bestimmten Prinzipien organisiert ist: schnell, qualitativ exzellent, serviceorientiert und mit Spitzen-Know-how. Lean-Management heißt, Verschwendung konsequent zu eliminieren.

Also hat Lean-Management eigentlich gar nichts mit der Verschlankung der Führung zu tun?
Das ist das große Missverständnis. Das Toyota-Prinzip wurde allzu häufig als Aufforderung verstanden, Führung zu verschlanken. Der Begriff „Lean" wurde fälschlicherweise mit dem Abbau der Führungshierarchien gleichgesetzt. Darunter haben vor allem die mittleren Führungsebenen gelitten. Hier wurde Personal entlassen. Bei Toyota bedeutet „schlank" verschwendungsfrei.

Ich erinnere mich, dass zu Beginn der 1990er-Jahre in vielen Firmen die klassische Meisterorganisation, bei der der Vorarbeiter die Kolonne führt, abgeschafft wurde.

Ja, Hintergrund war eben der Lean-Management-Ansatz, der in vielen Firmen falsch verstanden und umgesetzt wurde. Er musste vor allem als Begründung für die Verschlankung der Mitarbeiterschaft herhalten.

Die Einführung der teilautonomen Gruppenarbeit (TAG) hatte in einigen Firmen die Konsequenz, dass Führungsebenen abgebaut wurden. Bei der TAG wurde das Team von einem Gruppenbetreuer geleitet, der allerdings selbst nicht Teammitglied war. Er übernahm häufig eher administrative Aufgaben. Das Team wurde sich selbst überlassen, da man davon ausging, dass sich die Gruppen weitgehend selbst und eigenverantwortlich führen könnten.

Die teilautonome Gruppenarbeit und damit die Verschlankung der Führungsebenen wurden darum vor allem dann zum Problem, wenn Verantwortlichkeiten, die vorher die Führungskraft hatte, nicht anständig verteilt wurden. Aber TAG an sich war ein wichtiger Schritt in Richtung Verantwortungsübertragung auf die Mitarbeiter.

Es kam also auch zu einer Entfremdung zwischen Führungskraft und Mitarbeiter?

Das kann man so sagen. Im weiteren Entwicklungsverlauf nahm die Führungsspanne der Gruppenbetreuer zu. Eine Führungskraft musste nun oft vierzig bis sechzig Mitarbeiter führen. Das war keine Seltenheit. Das hatte fatale Folgen: Die Führungskräfte hatten und haben immer weniger Zeit für ihre eigentliche Aufgabe: das Führen von Menschen. Lassen Sie uns den Vergleich zur Schule ziehen: Ein Lehrer, der dreißig oder gar vierzig Schüler unterrichten soll, hat geringere Möglichkeiten, sich um den einzelnen Schüler zu kümmern, als ein Lehrer, der zehn Kinder vor sich sitzen hat.

Und eine wertschätzende Führung ist dabei wohl erst recht nicht möglich?
Das sehen wir auch so. Statt sich gezielt um Verbesserungsaktivitäten vor Ort kümmern zu können, mussten die Führungskräfte die Mitarbeiter oft sich selbst überlassen. Wenn es ein Problem gab, durfte ein Mitarbeiter kaum mit der Unterstützung durch die Führungskraft rechnen oder musste lange auf eine Entscheidung warten.

Den Shop-Floor und seine Menschen wieder zurückerobern

Wenn die mitarbeiternahen Führungsebenen wegfallen, hat dies vor allem für die Kommunikation zwischen den Menschen negative Folgen: Die Führungskraft kann den Mitarbeitern aus dem ganz banalen Grund, dass sie sie viel zu selten im persönlichen Gespräch erlebt, kein zeitnahes Feedback mehr geben.

Und wer nicht oder selten persönlich vor Ort ist, ist nicht in der Lage, wertschätzende Mitarbeitergespräche zu führen, kurzfristig angesetzte Teammeetings zu veranstalten oder Probleme zu erkennen, geschweige sie rasch vor Ort lösen.

Das Problem: Effektive Produktionsteams brauchen ein dichtes kommunikatives Netz und die Möglichkeit, sich zeitnah auszutauschen. Nur dann können auf dem kurzen Entscheidungsweg gemeinsame Problemlösungen kreiert und zeitnah umgesetzt werden.

Wenn aber das schnelle Entscheiden vor Ort zu den grundlegenden Voraussetzungen für den Erfolg zählt, kann es nur eine Schlussfolgerung geben:

> **Merke**
>
> Führungsebene und Ausführungsebene müssen wieder enger miteinander verzahnt werden. Der Shop-Floor und die Menschen, die darin arbeiten, müssen wieder zurück erobert werden. Und zwar mit Shop-Floor-Management.

2.4 Nutzen Sie die Vorteile des Shopfloor Managements

Shop-Floor-Management holt die Führungskraft in die Produktionshalle (den Shopf-Floor) zurück. Entscheidungen können so wieder direkt getroffen werden – in der Halle, am Ort der Wertschöpfung. Probleme werden vor Ort von den Führungskräften direkt angesprochen und gemeinsam mit den Mitarbeitern dort gelöst, wo sie entstehen: am Produktionsarbeitsplatz.

Träger eines effektiven Shop-Floor-Managements ist der Shop-Floor-Manager. Er ist das neue Bindeglied zwischen dem Shop-Floor (der Produktionshalle) und den weiteren Führungsebenen, indem er Veränderungen und Verbesserungen mit den Mitarbeitern umsetzt, Ziele systematisch vorantreibt und Informationen weitergibt. Er füllt die Prinzipien des Shop-Floor-Managements mit Leben und setzt sie vor Ort bei der Mitarbeiterführung um.

Und der Shop-Floor-Manager ist letztendlich dafür verantwortlich, dass sein Unternehmen die drei großen Vorteile des Shop-Floor-Managements nutzen kann.

2.5 Vorteil Nummer 1: Sie verbessern kontinuierlich Ihre Prozesse und Abläufe

Kehren wir nach diesem kurzen Ausflug in die Vergangenheit zurück zu der „Wiederbelebung der Verzahnung von Führungsebene und Ausführungsebene" und zurück in die Produktionshalle des Flugsitzherstellers Recaro.

Dort sind auf der Montagetafel alle wichtigen Informationen verzeichnet – etwa zur Arbeitssicherheit, Mitarbeiterbelegung, Qualität und Ausbringung. Es sind die Linienverantwortlichen der Montagelinien, die die Informationen bereitstellen und ständig aktualisieren. Die Ausbringung etwa wird dreimal pro Schicht eingetragen.

Auf der Grundlage dieser Informationen können jetzt nach dem Ampelprinzip Arbeitsprozesse organisiert werden. Markus Riegger nennt ein konkretes Beispiel aus dem Qualitätsbereich: „Hier wird in Defects per Unit (DPU) gemessen, erfasst wird dies täglich sowie im Monatsverlauf. Jedes Band hat dabei eine eigene Vorgabe, je nachdem, wie komplex das Sitzmodell ist, das dort gefertigt wird. Den DPU-Sollwert markiert ein roter Balken in einem Diagramm, der aktuelle Wert wird mit den vorhergehenden zu einer Verlaufskurve verbunden. Unterhalb des Sollwerts ist diese grün, oberhalb rot gezeichnet, darüber hinaus markiert eine rote oder grüne Karte neben dem Diagramm den Tagesstand, sodass man diesen bereits von Weitem erkennen kann. Denn wie alle Kennzahlendiagramme auf dem Shop-Floor-Board folgt auch dieses dem Prinzip der Ampelfunktion."

So können direkt am Produktionsstandort Probleme rasch erkannt und abgestellt werden – hier eben Qualitätsprobleme. Wiederum konkret: Bei der Frühbesprechung benennt der Montageleiter zusammen mit dem Leiter der Qualitätssicherung die „Probleme der Woche", die auf jeden Fall gelöst werden müssen. Dazu finden jeden Tag viertelstündige Qualitätszirkel statt.

Ein großer Vorteil des Shop-Floor-Managements besteht mithin in der Verbesserung der Arbeitsprozesse:

- So können Stillstände reduziert werden, weil Fehlentwicklungen schnell vor Ort erkannt werden können.
- Ein schnelles Eingreifen ist möglich.
- Die Effektivität der Prozesse wird gesteigert, weil Verschwendung und Verluste minimiert werden können.
- Wichtige Entscheidungen werden vor Ort getroffen.
- Die Gründe für Fehlentwicklungen können auf der Basis von Fakten getroffen werden (im Beispiel oben auf der Grundlage des DPU-Wertes).
- Weil die Mitarbeiter vor Ort eingebunden sind, kommt es zu schnelleren Reaktionen.
- Aus Fehlern kann direkt gelernt werden. So setzt sich ein kontinuierlicher Verbesserungsprozess in Gang.

2.6 Vorteil Nummer 2: Sie erreichen eine höhere Mitarbeiterzufriedenheit durch Wertschätzung und Anerkennung

In der Produktionshalle sind nicht nur Maschinen tätig, sondern auch Menschen. Allzu häufig beobachten wir, dass in die Pflege des Maschinenparks mehr investiert wird als in die Mitarbeiterentwicklung. Entscheidend jedoch ist, dass wir wieder oder zumindest gleichwertig in moderne Produktionsanlagen und in die Menschen, in die Führung und in die Gestaltung der Arbeitsabläufe investieren.

Menschen sind wichtiger als Maschinen: wertschätzende Anerkennungskultur

Kennen Sie die Bilder von den unendlich großen Produktionshallen, in denen kaum ein Mensch zu sehen ist? Natürlich: Es gibt Branchen, in denen sich diese Entwicklung nicht mehr zurückdrehen lässt und auch nicht zurückgedreht werden soll. Das bedeutet jedoch nicht, dass der Maschinenpark wichtiger sein soll als die Menschen, die Maschinenorientierung wichtiger als die Menschenorientierung. Auch nicht in der Produktionshalle, in der es nun einmal unerlässlich ist, dass dort die Maschinen eine wichtige Rolle spielen.

In manchen Unternehmen jedoch – wir sagen es noch einmal – scheint den Maschinen mehr Aufmerksamkeit und Wertschätzung entgegengebracht zu werden als den Mitarbeitern.

Stopp, liebes Autorenteam, dazu habe ich einen Einwand!
Jetzt übertreiben Sie aber doch ein wenig.
Da sind wir nicht so sicher. Für die Maschinen gibt es die präventiv-vorausschauende Wartung: Vorbeugende Maßnahmen wie Inspektionen sind an der Tagesordnung, um frühzeitig Abhilfe zu schaffen. Und wie sieht es bei den Mitarbeitern aus? Hier regiert häufig der Grundsatz „Reparatur nach Ausfall". Der Ausfall menschlicher Arbeitskraft wird billigend in Kauf genommen. Denken Sie nur an die enorm hohen Fehlzeiten und die Krankenstände. Oder die Burn-out-Diskussion, die zeigt, dass sich immer mehr Menschen ausgebrannt fühlen. Was würde wohl geschehen – jetzt fragen wir mal Sie –, wenn es in einem Unternehmen bei den Maschinen so hohe Ausfallquoten gäbe, wie dies auf Seiten der Mitarbeiter der Fall ist?

Die Geschäftsleitung hätte nichts Eiligeres zu tun, als Abhilfe zu schaffen. Und das ist auch auf Mitarbeiterebene notwendig. Wir brauchen eine wertschätzende Anerkennungskultur.

Doris Stempfle und Ricarda Zartmann haben in ihrem Artikel *Mitarbeiter statt Maschinenpark* gefordert, dass in den Unternehmen eine „mitarbeiterorientierte Anerkennungskultur" Einzug halten müsse. Sie argumentieren: „Ein gutes Arbeitsklima, ehrliche und transparente Kommunikation der Unternehmensziele, Förderung des Wirgefühls, produktiver Umgang der Führungskräfte mit den Mitarbeitern – all dies lässt sich nicht erzwingen, sondern hängt von einer mitarbeiterorientierten Anerkennungskultur ab. Diese Kultur kann nur nach und nach durch die aktive Gestaltungskraft der Führungskräfte herbeigeführt werden."

Diese Forderungen liegen voll und ganz auf der Linie des Shop-Floor-Managements – wir sprechen von einer wertschätzenden Anerkennungskultur. Shop-Floor-Management führt dazu, dass die Mitarbeiter ein unmittelbares und sehr direktes Feedback zu ihrer Arbeit erhalten und regelmäßig mit ihren Führungskräften kommunizieren. Shop-Floor-Management erlaubt, die wertschätzende Haltung gegenüber den Menschen vor Ort zu leben: Die Führungskräfte sind „ganz nah dran" an den Mitarbeitern und können sich auf eine ungefilterte und auch spontane Art mit denjenigen austauschen, die einen entscheidenden Anteil am Unternehmenserfolg haben. Die Mitarbeiter erleben es, dass die Führungsebene es ihnen zutraut, selbstständig zu handeln, zu arbeiten und Verantwortung zu übernehmen.

Stopp, liebes Autorenteam, ich habe noch eine Frage!
Ich muss mich nochmals einmischen. Wenn die Führungskräfte in die Produktionshalle zurückkehren und überdies mit einer Ampel gearbeitet wird, die die Fehlerquote anzeigt, und zwar für jeden sichtbar: Entsteht dann bei den Mitarbeitern nicht der Eindruck, Sie würden kontrolliert?

Die Gefahr besteht durchaus. In den Unternehmen, die wir bei der Einführung von Shop-Floor-Management unterstützen, werden wir ab und zu mit diesem Einwand konfrontiert. Denn wenn nun jeder Fehler auf dem Shop-Floor-Board verzeichnet wird – wenn auch ohne Zuordnung zu Personen –, könnten die Mitarbeiter dies als Maßregelung interpretieren.

Darum ist es so wichtig, den Menschen zu erläutern, warum Shop-Floor-Management eingeführt werden sollte und welche konkreten Vorteile für sie damit einhergehen. Niemand behauptet, dass die Einführung von Shop-Floor-Management ohne Stolpersteine vonstatten gehen wird. Darum muss der Shop-Floor-Manager über bestimmte Führungskompetenzen verfügen, die seine Maßnahmen als wertschätzenden Versuch erkennen lassen, die Menschen weiterzuentwickeln.

Loben und achten Sie die Leistungen Ihrer Mitarbeiter

Im Teil C dieses Buches gehen wir ausführlich auf die Führungskompetenzen des Shop-Floor-Managers ein. Wir wollen aber bereits jetzt veranschaulichen, was mit der wertschätzenden Anerkennungskultur konkret gemeint ist. Darum greifen wir einen zentralen Aspekt heraus, nämlich die Fähigkeit der Führungskraft, einen Mitarbeiter für erbrachte Leistungen zu loben.

Die Kunst des Lobens besteht zum einen darin, eine konkrete Begründung mitzuliefern, sodass der Mitarbeiter spürt, dass das Lob des Shop-Floor-Managers ehrlich gemeint ist, weil es durch Fakten belegt werden kann. Zum anderen sollte er den Mitarbeiter für eine Tätigkeit loben, die für diesen eine außerordentliche Leistung bedeutet. Für das Selbstverständliche wertgeschätzt zu werden, wirkt wenig motivierend.

Loben Sie spezifisch statt pauschal

Zudem gilt: Ein spezifisches Lob ist wertvoller als hundert Mal pauschal gelobt. Das belegt eine Studie, die 2008 in den USA veröffentlicht wurde. Aus der Untersuchung – durchgeführt mit Kindern an der Stanford Universität – geht hervor, dass spezifisches Lob eine größere motivatorische Kraft entwickelt als allgemeines Pauschallob: Malt ein Kind ein Bild, sollten Eltern besser sagen „Die Katze hast du aber schön gemalt" als „Du bist eine tolle Malerin". Denn die allgemein gehaltene Aussage nimmt den Kindern die Motivation. Die Begründung: Durch die allgemein gehaltene Anerkennung verinnerlichten die Kinder, dass sie gut malen können, akzeptierten dies als Tatsache und Selbstverständlichkeit. Sie würden diese Fähigkeit dann für eine überdauernde Eigenschaft halten, so die Autoren der Studie. Die Motivation, sich zu verbessern, entfalle mithin.

Die US-Studie lässt den Rückschluss zu: Erkennt die Führungskraft eine Leistung mit einem spezifischen Lob an, trägt sie zur Motivation bei. Der Mitarbeiter wird robuster selbst bei der Konfrontation mit harscher Kritik. Denn er sieht darin einen Ansporn, sich zu verbessern.

Darum: Der Shop-Floor-Manager überlegt sich, wie er sein Lob möglichst detailliert und spezifisch zum Ausdruck bringt. Ein Lob, das so schnell kein Mitarbeiter mehr vergisst, entsteht, wenn er zum Beispiel die W-Frage stellt: „Sagen Sie mal, Herr Müller, wie haben Sie das denn nur geschafft, doch noch den Zeitplan einzuhalten? Sie standen doch ganz schön unter Druck?" Sie sehen, die Art und Weise des Lobens ist viel entscheidender als die Anzahl oder das Lob an sich.

Indem er den Mitarbeiter fragt, wie es ihm gelungen ist, einen Erfolg zu erreichen, eröffnet er ihm die Möglichkeit, den Erfolg zu genießen. Der Mitarbeiter erkennt, dass seine Leistung wahrgenommen und anerkannt wird und ist angespornt diese auch in Zukunft zu erbringen. In der positiven Psychologie spricht man hier von Active Constructive Responding. Mit dieser Kompetenz gelingt es Führungskräften, eine vertrauensvolle Beziehung zu den Mitarbeitern aufzubauen.

Positives Feedback erzeugt beim Mitarbeiter das Gefühl, wertgeschätzt zu werden. Und Wertschätzung ist ungeheuer wichtig für die Bereitschaft, sich aktiv für die Firma einzusetzen, neue Ideen zu entwickeln, Neues auszuprobieren und sich auf Veränderungen einzulassen. Natürlich gilt das nicht nur für die Produktionshalle, sondern für das ganze Unternehmen. Nur Führungskräfte, denen es gelingt, Mitarbeitern das Gefühl zu geben, erfolgreich zu sein, setzen sich wirklich ein und entwickeln sich weiter.

Interpretieren Sie Fehler als Lernchance

Bei der wertschätzenden Anerkennungskultur spielt nicht nur die Kunst des Lobens eine große Rolle. Wichtig ist überdies der konstruktive Umgang mit Fehlern. Führungskräfte können nicht nur bei Dingen, die gut funktionieren, Feedback geben. Sie müssen natürlich auch reagieren, wenn etwas schiefläuft.

Die gesamte Firma wird dann als lernende Organisation begriffen, in der Fehler Lernchancen darstellen und als Meilensteine auf dem Weg zum Erfolg interpretiert werden. Anders ausgedrückt: Fehler sind Resultate und Ergebnisse, die es realistisch zu analysieren gilt, um daraus Konsequenzen für die Zukunft zu ziehen.

Darum werden beim Shop-Floor-Management auf dem Shop-Floor-Board auch die Gründe notiert, die zu dem Fehler geführt haben. Wer die Ursachen für den Fehler kennt, kann Maßnahmen ergreifen, die zur Ursachenbeseitigung führen.

> **Merke**
>
> Wer in der Produktionshalle einen Fehler macht, hilft dem Unternehmen weiter! Er zeigt auf, wo Verbesserungspotenziale brachliegen. Und umgekehrt gilt: Shop-Floor-Management unterstützt den Mitarbeiter, seine Arbeit noch besser zu erledigen.

Entwickeln Sie eine positive Fehlerkultur

Letztendlich steht an dieser Stelle die Geschäftsführung in der Pflicht. Sie muss die Voraussetzungen dafür schaffen, dass eine positive Fehlerkultur, oder besser: Lernkultur entstehen kann und Mitarbeiterleistungen gebührend anerkannt werden.

Jedoch: Jede Führungskraft und jeder Mitarbeiter kann zur Entstehung einer solchen Kultur einen Beitrag leisten. Der Shop-Floor-Manager geht mit gutem Beispiel voran und verdeutlicht den Mitarbeitern: Fehler bieten die Möglichkeit zu lernen – mit dem Ziel, die Qualität zu verbessern, den Kunden mehr Leistung zu bieten und die Entwicklungsfähigkeit zu steigern. Fehler weisen stets auf einen bestehenden Lernbedarf hin, auf die Chance, sich weiterzuentwickeln.

Peter M. Senge, der Autor von *Die fünfte Disziplin*, sagt: „Der Gründer und jahrzehntelange Leiter von Polaroid, Ed Land, der auch die Sofortbildkamera erfand, hatte eine Platte an der Wand. Darauf stand:

„Ein Fehler ist ein Ereignis, dessen großer Nutzen sich noch nicht zu deinem Vorteil ausgewirkt hat."

Peter M. Senge

Das bedeutet nun nicht, dass Fehler einen Freibrief erhalten. Es wäre fatal, wenn sich die Ansicht: „Ein Fehler? Na und? Ist doch nur ein Ergebnis!" durchsetzen würde. Denn nach dem Erfinder der Glühlampe, Thomas Alva Edison, ist das Schöne an einem Fehler, dass wir ihn nicht zweimal machen müssen. Ist der Fehler erst einmal Realität, sollte er der Ausgangspunkt für den Lernprozess, die Fehlerbeseitigung, die Fehlervermeidung sein. Dazu dienen dann letztendlich auch die Besprechungen am Shop-Floor-Board.

Der große, auch motivatorische Vorteil: Die Mitarbeiter sehen es wortwörtlich mit eigenen Augen: „Da sitzen der Shop-Floor-Manager, der Montageleiter, die Linienverantwortlichen und andere Führungskräfte in unserer unmittelbaren Nähe – nicht abgehoben in der Führungsetage – beisammen und versuchen, zeitnah und effektiv Probleme zu analysieren und zu lösen. Die Führungskräfte nehmen unsere Arbeit ernst, sie wollen uns unterstützen, unsere Arbeit besser zu machen."

So ergibt sich als zweiter Vorteil des Shop-Floor-Managements die steigende Mitarbeitermotivation:

- Die Mitarbeiter erfahren endlich die Wertschätzung, die sie verdienen und werden als eigenständig handelnde Individuen mit hohem Verantwortungsgefühl wahrgenommen.
- Durch eine wertschätzende Anerkennungskultur und die Nähe der Führungskräfte vor Ort fühlen sich die Mitarbeiter ernst genommen und wertgeschätzt.
- Ein Vertrauensverhältnis zwischen Führungskräften und Mitarbeitern entsteht.
- Mitarbeiter partizipieren an der Qualitätsverbesserung der Produkte und der Arbeitsprozesse.
- Eine gemeinsam gelebte Unternehmenskultur bildet sich aus; der Identifikationsfaktor der Mitarbeiter mit der Tätigkeit, dem Arbeitsplatz, den Führungskräften, dem Arbeitgeber und dem Unternehmen insgesamt erhöht sich.

2.7 Vorteil Nummer 3: Sie erhöhen die Kundenzufriedenheit durch stabilere Prozesse

Von dem amerikanischen Geschäftsmann und Unternehmer Sam M. Walton (1918–1992, Gründer der Supermarktkette Wal-Mart) stammt der Ausspruch: „Die Art und Weise, mit der das Management die Mitarbeiter behandelt, ist genau die gleiche wie die, mit der die Mitarbeiter die Kunden behandeln."

Was heißt das? Ein Mitarbeiter, der von der Führungskraft nur kontrolliert und dem kein Vertrauen entgegengebracht wird, kann kein Vertrauensverhältnis zum Kunden aufbauen. Ein Mitarbeiter hingegen, der von seiner Führungskraft wertgeschätzt wird, kann und wird diese Haltung mit einiger Wahrscheinlichkeit auf sein Verhalten dem Kunden gegenüber übertragen.

Darum ist die menschliche und soziale Kompetenz der Führungskraft wichtiger als die Beherrschung von Techniken. Wenn der Shop-Floor-Manager im Umgang mit seinen Mitarbeitern die wertschätzende Anerkennungskultur mit Leben füllt, trägt er über den Umweg der Mitarbeitermotivation entscheidend zur Kundenzufriedenheit und zur Verbesserung der Kundenbeziehungen bei.

Und das nicht nur, weil die Produkte eine qualitative Steigerung erfahren. Es spricht sich herum, wenn in einem Unternehmen „Wertschätzung" nicht nur eine Floskel ist, sondern gelebt wird, indem alle Beteiligten gemeinsam daran arbeiten, für den Kunden das bestmögliche Produkt herzustellen. Natürlich sollte Ihr Unternehmen diese positive Imagebildung durch eine kluge Öffentlichkeitsarbeit flankieren und unterstützen.

Der Kollege als Kunde

Zudem schärft Shop-Floor-Management das Bewusstsein für die internen Kunden-Lieferanten-Beziehungen. Wenn der Mitarbeiter an seiner Maschine ein Werkstück produziert, das der Kollege weiter verarbeiten soll, muss ihm klar sein: „Der Kollege ist darauf angewiesen, dass ich ihm ein Produkt in bestmöglicher Qualität liefere." Der Mitarbeiter wird zum Lieferanten, der Kollege zum Kunden. Dieser sollte vom Mitarbeiter entsprechend behandelt werden – als jemand, dem man einen Nutzen stiften will.

In einem der Unternehmen, das wir beraten, kam einmal die Diskussion auf, für wen „man" denn überhaupt jeden Tag in die Produktionshalle geht, um seinen Dienst zu tun. Welcher innere Antrieb ist dafür verantwortlich? Natürlich fielen die Antworten sehr unterschiedlich aus. Der eine arbeitete für den eigenen Geldbeutel, der andere für seine Familie, der dritte gab als Motivation an, er wolle sich am Arbeitsplatz selbst verwirklichen. Ein Mitarbeiter sagte uns: „Wenn ich an meinem Montageband stehe, möchte ich für den Kollegen nebenan die bestmögliche Arbeit abliefern."

Shop-Floor-Management schärft das Bewusstsein dafür, dass die einzelnen Prozessschritte aufeinander aufbauen und jeder Mitarbeiter als Lieferant des Kollegen bestmögliche Qualität liefern muss. Unsere Erfahrung ist: Wer sich als Dienstleister seiner Kollegen versteht, ihm wie einem Kunden begegnet, arbeitet qualitätsorientierter.

Fazit: Die Kernbotschaften des zweiten Kapitels

- „Produktion neu gestalten" bedeutet, die Mitarbeiter direkt vor Ort in der Produktionshalle zu führen.
- Leistungssteigerungen werden durch eine wertschätzende Führungskultur erreicht – die entsprechende Führungsphilosophie lautet: Zukunft – Leistung – Menschlichkeit.
- Die Führungsphilosophie und Führungshaltung „Shop-Floor-Management" führt zur Verbesserung der Arbeitsprozesse, der Produktqualität, der Mitarbeitermotivation und der Kundenorientierung.

3.
Das Shop-Floor-Management und die Matrixorganisation

> **Was Sie in diesem Kapitel erfahren**
>
> - Shop-Floor-Management erfordert eine spezifische Organisationsstruktur. Entscheidend ist die Verabschiedung vom traditionellen Abteilungsdenken – hin zu einem Denken in Prozessen.
> - Die dem Shop-Floor-Management gemäße Organisationsstruktur ist die Matrixorganisation.
> - Das Arbeiten in kleinen flexiblen Teams erfordert den Abschied vom klassischen Hierarchiedenken.

3.1 Mut zum neuen Denken erfordert Veränderungen auf der Organisationsebene

Moderne Unternehmen, die ihre Wettbewerbsvorteile am Standort Deutschland ausbauen möchten, brauchen Shop-Floor-Management, damit die Produktion vor Ort, in der Produktionshalle, wieder effektiver ablaufen kann. Die Organisation in Teams ermöglicht es, dass nahe am Ort der Wertschöpfung Führungs- und Dienstleistungsfunktionen räumlich zusammenfließen. Zugleich können die Menschen viel Zeit in der Produktion verbringen, um rasch zu erfahren, wo die Bedürfnisse und Probleme liegen.

Stopp, liebes Autorenteam, ich habe da mal einen Einwand!
Ihre Überlegungen zur Neugestaltung der Produktion und Ihre Vorschläge zum Shop-Floor-Management klingen sehr einleuchtend und überzeugend. Aber ich habe mich schon während der Lektüre des zweiten Kapitels gefragt, wie ich das in meinem Unternehmen organisatorisch verwirklichen soll. Die meisten Mitarbeiter – und das gilt insbesondere für die Produktion – sind doch immer noch an das Denken und Handeln in hierarchischen Strukturen gewöhnt.

Wir wollen es auf den Punkt bringen: Shop-Floor-Management benötigt eine Matrixorganisation, keine Abteilungsorganisation. Moderne Produktionsunternehmen müssen auf Geschwindigkeit ausgerichtet sein – denn: je kürzer die Durchlaufzeit, desto schneller ist das Produkt beim Kunden. Und desto höher sind die Kundenzufriedenheit und letztendlich auch der Profit. Das setzt schnelle Prozesse im Unternehmen voraus, in denen vom Auftragseingang bis zum Versand die einzelnen Arbeitsschritte Hand in Hand erfolgen.

Und mit der in vielen Unternehmen noch üblichen Abteilungsorganisation ist diese Geschwindigkeit nicht zu erreichen?
Erforderlich ist eine Prozess- und Matrixorganisation, in der alle beteiligten Funktionen gemeinsam und zeitgleich die erforderlichen Aufgaben erfüllen. Das wird durch das Arbeiten in Projekten und in kleinen und flexiblen Teams möglich, wobei auch die Führung dezentral organisiert ist.

Die Abbildung 1 auf der folgenden Seite verdeutlicht den Unterschied: Während in hierarchisch strukturierten Unternehmen die verschiedenen Prozesseinheiten wie zum Beispiel Planung, Einkauf, Qualitätssicherung, Vertrieb und Service in unterschiedlichen Abteilungen erfolgen, sind in Unternehmen, die eine Matrixstruktur aufweisen, alle beteiligten Funktionen auf derselben Ebene angesiedelt.

Die Matrixorganisation ist ein Mehrliniensystem, bei dem gleichzeitig vertikale und horizontale Beziehungen zum Tragen kommen. Es ist dem Projektmanagement verwandt, bei dem Mitarbeiter aus verschiedenen Abteilungen und mit unterschiedlichen Funktionen ein Projekt gemeinsam bearbeiten. Durch die Kombination vertikaler und horizontaler Funktionen entsteht die Matrix.

Das hört sich ziemlich kompliziert an, und viele Unternehmen stehen der Matrixorganisation skeptisch gegenüber. In der Tat ist eine herkömmliche hierarchische Organisation übersichtlicher und einfacher, leider aber auch starrer, unbeweglicher und auf Dauer weniger erfolgreich. Deshalb lohnt sich die Auseinandersetzung mit der Matrixorganisation. Was wirklich unterschiedlich ist: in der Matrix braucht es eine gute Kommunikation aller Beteiligten, die Bereitschaft sich gegenseitig zu helfen und das Lernen aus Fehlern und Problemen, die es zwangsläufig zu Beginn gibt. Übrigens müssen Sie nicht zuerst eine Matrix aufbauen, bevor Sie sich an Shop-Floor-Management heranwagen. Das entsteht ganz von alleine schrittweise, wenn Sie die Prinzipien des Shop-Floor-Managements umsetzen.

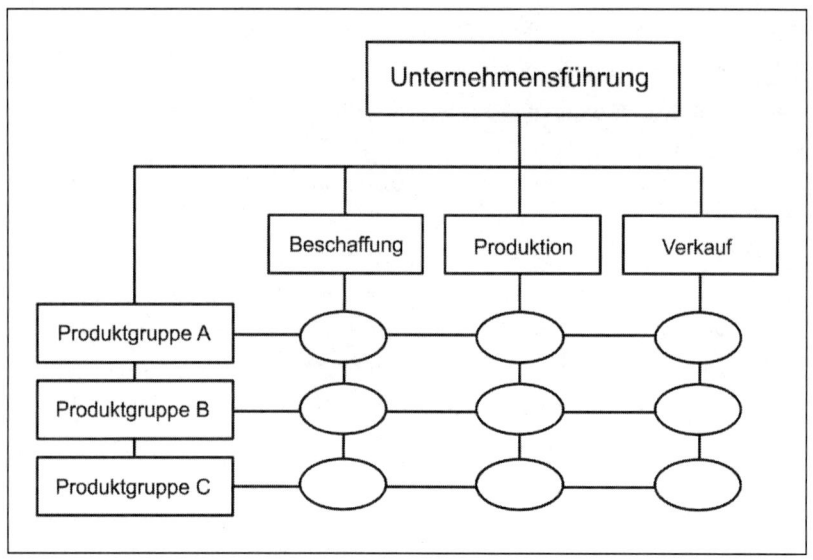

Abbildung 1: Shop-Floor-Management und Matrixorganisation

In jedem Team gibt es quasi einen „Stellvertreter" der einzelnen Funktionen. Planung, Einkauf, Qualitätssicherung, Industrial Engineering, Service und so weiter sind nicht in voneinander getrennten Abteilungen tätig, sondern in das Team integriert.

Der Vorteil: Wenn ein Problem auftritt oder ein Verbesserungsvorschlag im Bereich des Qualitätsmanagements erarbeitet wird, muss nicht erst die – übrigens auch räumlich entfernte – entsprechende Abteilung angesprochen werden. Nein, der „Stellvertreter" der zuständigen Abteilung sitzt im Team direkt vor Ort und kann zeitnah seinen Input leisten.

Wichtig ist, dass sich die Prozesseinheiten wie Planung, Einkauf, Qualitätssicherung, Industrial Engineering und Service als „Dienstleister" der Produktion verstehen. Sie haben vor allem die Aufgabe, dafür zu sorgen, dass alle Teile und Informationen rechtzeitig in der Produktion sind und die Produktionsmitarbeiter ungestört, ohne Wartezeiten und Rückfragen, ohne Abweichungen und Fehler ihre Arbeit verrichten können.

Im vierten und fünften Kapitel erfahren Sie, welche Konsequenzen die Matrixorganisation für die konkrete Führungsarbeit in der Produktionshalle hat. Jetzt geht es zunächst einmal darum, sich damit auseinanderzusetzen, dass die Neugestaltung der Produktion sowohl auf der organisatorischen Ebene als auch im mentalen Bereich ein Umdenken notwendig macht.

3.2 Die Vorteile der Matrixorganisation nutzen

Matrixorganisation bedeutet immer, sich mit Linie *und* Zentralbereich gleichzeitig abzustimmen, sich gut zu informieren und ein gegenseitiges Agreement zu erreichen. Mitarbeiter und Führungskräfte, die eine Untergliederung und das Arbeiten in Abteilungen gewohnt sind, tun sich oft sehr schwer damit.

Gute Shop-Floor-Manager halten permanent Kontakt mit ihren Ansprechpartnern in den Zentralabteilungen. Sie stimmen sich gut ab, sie wissen genau, welche Informationen die Ansprechpartner brauchen.

Ein guter Shop-Floor-Manager ist ein guter Netzwerker. Er schafft es, seine Informationen gut zu organisieren und die Beantwortung der Frage „Wann brauche ich welche Informationen?" stets im Blick zu behalten. Umgekehrt ertrinkt der Shop-Floor-Manager in Informationen, wenn er alles wissen will. Er muss lernen, sich auf das Wesentliche zu konzentrieren.

Der Shop-Floor-Manager wird nur dann erfolgreich arbeiten können, wenn seine Ansprechpartner sich genauso verhalten. Wir erleben oft, dass die Ansprechpartner in den Zentralbereichen das nicht gut können, sodass die Informationen nicht so fließen, wie sie es sollten. Deswegen reicht es nicht, die Shop-Floor-Manager zu trainieren, sondern es ist erforderlich, alle Ansprechpartner zu befähigen, gut zu informieren, Informationen gut aufzubereiten und Prioritäten zu setzen.

Fundamental für den Erfolg des Shop-Floor-Managements ist es, dass Abweichungen von allen Beteiligten schnell erkannt und kommuniziert werden. Und es ist sehr wichtig, dass alle Beteiligten lernen, gemeinsam die Ursachen der Abweichungen schnell zu erkennen und nachhaltig abzustellen. Heute ist es üblich, dass reflexartig Schuldzuweisungen gemacht werden. Damit kommt man beim Shop-Floor-Management nicht weiter. Gefordert ist vielmehr, dass alle Beteiligten das gemeinsame Ziel vor Augen haben und gemeinsam nach der bestmöglichen Lösung suchen. Dies wird durch eine Matrixorganisation erleichtert.

Traditionelle Unternehmen besitzen eine eher hierarchisch geprägte Unternehmenskultur. Shop-Floor-Management kann in einer solchen Kultur nicht erfolgreich sein. Deshalb hat ein Unternehmen, das die Vorteile des Shop-Floor-Managers nutzen möchte, auch die Aufgabe, eine konstruktive und lösungsorientierte kooperative Kultur aufzubauen.

Darum sollte dem Aufbau einer neuen Unternehmenskultur viel Aufmerksamkeit geschenkt werden. Der Weg vom Abteilungsdenken zu einer offenen Netzwerkstruktur ist mühsam und erfordert oftmals die externe

Unterstützung von Experten für Verhaltensmodifikation in Veränderungssituationen. Den für das jeweilige Unternehmen passenden Weg mit der optimalen Struktur in effizienten Prozessen zu finden – das ist fundamental für das Gelingen des Shop-Floor-Managements.

Sie werden sich fragen: Ja, wie mache ich das denn ganz konkret? Wie überführe ich eine traditionelle Unternehmens- und Führungskultur in eine offene, konstruktive und positive Kultur? Zunächst mal geht das nur, wenn von der Geschäftsführung ein solches konstruktives Verhalten vorgelebt wird. Bleibt es bei den hierarchischen Verhaltensweisen, dann trocknet das Shop-Floor-Management aus, bevor es richtig zur Entfaltung gekommen ist. Dazu gehört: Ermutigung zu Kritik, Gewähren von Handlungsspielräumen, Zugeben von Fehlern und Lernen aus Fehlern. Es erfordert das Einbeziehen der Mitarbeiter bei Entscheidungen und das Beteiligen der Mitarbeiter an Gestaltungsprozessen. Voraussetzung ist ein angstfreies Klima im Unternehmen und das Erleben der Mitarbeiter, dass Veränderungen möglich und erwünscht sind und von der Unternehmensführung vorgelebt werden. Vor allem aber ist es die offene Kommunikation, das Erleben der Mitarbeiter, dass sie in ihrer Entwicklung unterstützt werden. Dann sind sie bereit, auch sich selbst und die Organisation weiterzuentwickeln. Und dann erleben sie den Erfolg, der ihnen Mut für die nächsten Schritte macht und ihnen zugleich Freude an der Arbeit vermittelt. All diese Dinge sind unverzichtbar, wenn Sie Ihr Unternehmen weiterentwickeln wollen.

Fazit: Die Kernbotschaften des dritten Kapitels

- Shop-Floor-Management wird mithilfe einer Matrixstruktur in das Unternehmen eingebettet.
- Die Notwendigkeit und die Konsequenzen der Matrixstruktur müssen allen Beteiligten nachvollziehbar verdeutlicht werden, um eine höchstmögliche Akzeptanz zu erzielen. Umso engagierter tragen die Beteiligten die Veränderungsprozesse mit.

Ausblick auf Teil B: Die nächsten Kapitel dienen dazu, die Prinzipien der Führung vor Ort vertiefend darzustellen und die zwei Grundmodelle des Shop-Floor-Managements für die wertschätzende Führung am Ort der Wertschöpfung zu beschreiben.

Teil B:
Die zwei Organisationsformen des Shop-Floor-Managements

4.
Führen vor Ort – die Arbeit in kleinen und effektiven Teams

> **Was Sie in diesem Kapitel erfahren**
>
> - Wir setzen uns mit der Bedeutung des Führens vor Ort auseinander: Je näher die Führungskraft am Ort des Geschehens ist, desto schneller werden Entscheidungen getroffen und desto lückenloser ist die Kommunikation.
> - Wir stellen die zentrale Rolle und Aufgabe von Führungskräften vor Ort vor: Mitarbeiter von Betroffenen zu Beteiligten zu entwickeln.
> - Wir zeigen auf, welche zentrale Rolle die Arbeit mit kleinen, überschaubaren Teams spielt.
> - Wir stellen zwei Grundmodelle für die wertschätzende Führung am Ort der Wertschöpfung vor.

4.1 Der Shop-Floor-Manager als Assistent seiner Mitarbeiter: Die Bedeutung des Führens vor Ort

Ein Kernaspekt des Shop-Floor-Managements ist die räumliche und mentale Annäherung zwischen den Führungskräften und den Mitarbeitern. Der Grund: Menschen brauchen die Rückmeldung, sie benötigen Orientierung und Klarheit über die Anforderungen und die Erwartungen, die an sie gestellt werden. Und dies kann nicht gelingen, wenn die Führungskraft „zu weit weg ist" von den Mitarbeitern.

Marvin Bower, der von 1950 bis 1967 Managing Director bei der Unternehmensberatung McKinsey war und sich Gedanken über die Kunst der Führung gemacht hat, sagte: „Wir brauchen mehr Zusammenhalt, nicht mehr Hierarchie." Der unmittelbare Zusammenhalt zwischen den Hierarchieebenen ist kaum möglich, wenn die Führungskräfte weit weg vom Ort der Wertschöpfung agieren.

Gefragt ist also eine Philosophie der „kurzen Wege". Dies bedeutet, dass sich ein Mitarbeiter zeitnah mit seiner Führungskraft austauschen kann. Er erlebt, dass er gestaltend eingreifen und etwas bewegen kann. Und er erfährt, dass sich die Führungskraft vor allem als Dienstleister für seine Mitarbeiter definiert: Damit ist es eine der Hauptaufgaben der Führungskraft, die Stolpersteine aus dem Weg zu räumen, die die Mitarbeiter daran hindern, ihre Arbeit erfolgreich auszuführen.

Dazu ein Beispiel: Ein Mitarbeiter in der Produktion hat ein Problem mit seinem Werkstück. Er schafft es nicht, das Werkstück in der vorgegebenen Stückzahl zu bearbeiten. Wie kann der Mitarbeiter reagieren? Seine Führungskraft ist nicht vor Ort, sie sitzt in einer Besprechung. Der Mitarbeiter benötigt aber jetzt, hier und heute, eine Problemlösung. Bei der Führung vor Ort ist es möglich, die Führungskraft direkt zu informieren – beispielsweise durch das Shop-Floor-Board, auf dem der Mitarbeiter die Information hinterlässt, dass er Unterstützung benötigt. Eine Alternative: Der Mitarbeiter visualisiert zum Beispiel mit einer roten Fahne, die er an seinem Arbeitsplatz platziert, seinen Gesprächsbedarf. Die Führungskraft, die sich in der Produktionshalle aufhält, kann relativ rasch reagieren und den Stolperstein beseitigen, die den Mitarbeiter an der Ausführung seiner Arbeit hindert.

Das erfordert von den Mitarbeitern sehr viel Mut. In einer traditionellen hierarchischen Unternehmenskultur werden die Mitarbeiter dazu nicht bereit sein. Erst wenn die Führungskräfte deutlich gemacht haben, wie Veränderung und Entwicklung praktisch funktionieren, wenn die Mitarbeiter es ausprobiert haben und dabei erleben, dass ihr Chef es wirklich ernst meint mit dieser fundamental veränderten Art, Probleme anzugehen und zu lösen, werden die Mitarbeiter im Laufe der Zeit mutiger und trauen sich, auch unangenehme Themen und Probleme aufzuzeigen und anzugehen. Erleben die Mitarbeiter, dass es nur Gerede war und sich die Führungskraft im echten Problemfall verhält wie zuvor – dann wird sich gar nichts ändern.

> **Merke**
>
> Je näher eine Führungskraft am Mitarbeiter dran ist, desto stärker ist das Gefühl des Mitarbeiters, einbezogen zu werden, desto intensiver fällt die permanente Rückkopplung zwischen Leiter und Mitarbeiter aus, und desto mehr wird der Wunsch des Mitarbeiters erfüllt, rundum informiert zu sein.

Räumliche Nähe führt auch zu mentaler Nähe

Das obige Beispiel zeigt die Vorteile der räumlichen Nähe der Führungskraft zum Shop-Floor. Entscheidend ist aber außerdem die mentale Nähe, die durch das Organisationsprinzip des Shop-Floor-Managements entsteht. Ein Mitarbeiter in der Produktion, der weiß und es tagtäglich hautnah erlebt, dass „seine" Führungskraft ständig verfügbar und rasch ansprechbar ist, entwickelt ein Vertrauensverhältnis zum Chef. Er macht jeden Tag die intensive Erfahrung: „Wenn ich Unterstützung und Hilfe benötige, so erhalte ich sie – schnell und unbürokratisch."

Wir erleben es oft in unserer Beratungspraxis, dass aufgrund dieses engen Verhältnisses die Führungskraft nicht nur handwerkliche Hilfestellung gibt und ein Problem löst, das im Zusammenhang mit der Produktion und der konkreten Tätigkeit eines Mitarbeiters auftritt. Nein: Jetzt ist es für den Shop-Floor-Manager auch möglich, durch die Führung vor Ort mit dem Mitarbeiter Gespräche zu führen, in denen es um Themen wie Motivation und Konfliktlösung geht – bis hin zu Gesprächen über die Sinnhaftigkeit seiner Arbeit.

Wichtig für Mitarbeiter ist es, Sinn in ihrer Tätigkeit zu sehen und zu wissen, welchen Beitrag sie zum Gesamtziel des Unternehmens leisten. Das kann man über Hochglanzbroschüren, Sonntagsreden oder das einmal im Jahr stattfindende Mitarbeitergespräch kaum kommunizieren. Besser geeignet ist das direkte Gespräch mit der Führungskraft, wie es im Shop-Floor-Management jederzeit möglich ist.

 **Stopp, liebes Autorenteam, ich habe da mal eine Frage!**
Fast schon philosophische Gespräche mit einem Mitarbeiter über den Sinn seiner Tätigkeit an der Werkbank – eine sympathische Idee, aber wie soll das möglich sein?

Wir verstehen Ihre Skepsis. Aber der Shop-Floor-Manager ist Teil seines Teams, dazu kommen wir später noch. Das heißt: kurze Kommunikationswege, direkter Austausch mit allen Mitarbeitern im Team, kaum Informationsverlust, weil die Informationen keinen Umweg über Dritte gehen müssen. Und dann kann die Führungskraft auch motivatorische Probleme ansprechen. Oder diese Diskussion wird vom Mitarbeiter angestoßen. Die Führungskraft kann dann die Gelegenheit nutzen, die Bedeutung der konkreten Tätigkeit eines Mitarbeiters für das große Ganze darzustellen.

4.2 Mitarbeiter von Betroffenen zu Beteiligten entwickeln

Shop-Floor-Management leistet einen wertvollen Beitrag, die Worthülse von der Entwicklung der Mitarbeiter von nur oberflächlich Betroffenen zu aktiv Beteiligten endlich mit Leben zu füllen. Denn jetzt wird den Mitarbeitern einiges zugetraut: Sie sollen Verantwortung für ihren Bereich übernehmen, dort auch den Finger in die Wunde legen und auf Probleme und Verbesserungspotenziale aufmerksam machen. Und sie sollen eigenständig und eigenverantwortlich Verbesserungsvorschläge unterbreiten und diese zugleich verwirklichen.

Kommt das Shop-Floor-Management mit seinen Prinzipien des Führens vor Ort einem Paradigmenwechsel gleich? Oder ist das zu hoch gegriffen? Wir sind der Meinung, der Begriff „Paradigmenwechsel" ist durchaus gerechtfertigt. Denn die Folgen des Führens vor Ort sind beträchtlich. Konkretes Bespiel: Da der Mitarbeiter in der Produktionshalle nicht als ausführendes Organ definiert wird, der Anweisungen und Befehle auszuführen hat, sondern als mitgestaltender Akteur und als Regisseur seines Arbeitslatzes, wird das rein anweisende Führen durch das coachende Führen ergänzt.

Wichtig ist: Die Führungskraft entscheidet in der konkreten Situation, welches Führungsinstrumentarium sie einsetzt – das kann die Anweisung sein, aber auch das wertschätzende Gespräch mit dem Mitarbeiter. Es geht um Leistung und Menschlichkeit. Darum muss die Führungskraft über mehrere Verhaltensoptionen und Führungsinstrumente verfügen, die sie situations- und mitarbeiterangemessen einsetzen kann.

Coachendes Führen bedeutet, sich auf die Individualität und Einzigartigkeit des anderen Menschen einzulassen. Ein Blick ins Herkunftswörterbuch zeigt: Der Begriff „Coach" stammt aus dem Englischen und bedeutet „Kutsche". Im übertragenen Sinn transportiert der Coach den Reisenden zu seinem Ziel – und dieses Ziel wird vom Reisegast selbst festgelegt, nicht vom Kutscher. Der Kutscher – oder Coach – wählt mithin nicht das Ziel aus: Höchstens erinnert er den Fahrgast durch seine Frage „Wohin soll die Reise denn gehen?" daran, dass dieser selbst es ist, dem die Bestimmung des Reiseziels obliegt.

Was macht der Kutscher? Er hält dem Reisenden immerhin die Tür auf. Der Coach ist Reisebegleiter, er ist Türöffner für den Mitarbeiter auf dem Weg zum selbst gewählten Ziel. Ob der Mitarbeiter einsteigt, liegt auch in seiner Verantwortung und wird von ihm mit entschieden.

Das heißt nun nicht, dass der Mitarbeiter in der Produktionshalle bestimmt, „wo es langgeht". Aber er soll und darf Einfluss nehmen.

Sie sehen auch an dieser Stelle wieder:

> **Merke**
>
> Produktion neu gestalten hat sehr viel mit einem neuen Führungs- und damit auch Menschenverständnis zu tun.

4.3 Ein Team leistet mehr als die Summe seiner Teile

Organisatorisches Herzstück des Shop-Floor-Managements ist die Teamarbeit. Je kleiner das Team, desto besser. Überschaubare und kleine Teams mit Mitarbeitern, die sich regelmäßig austauschen, die voneinander lernen können und wollen, die gemeinsam Abweichungen und Probleme analysieren und beseitigen, die ihre Stärken gemeinsam nutzen und die jeweiligen Schwächen des Einzelnen ausgleichen – solche Teams bilden gleichsam die Zellen, die sich zum Gesamtorganismus „Unternehmen" zusammenfügen.

Je besser die Teamarbeit funktioniert, desto eher ist es möglich, die Potenziale des Einzelnen im Sinne des Teams gezielt zu entwickeln. Darin liegt eine der Hauptaufgaben der Führungskraft: die systematische Entwicklung der Potenziale des Teams.

Leitmotiv dabei ist: Ein kompetentes Team, in dem jeder sein Bestes gibt und die Interessen des Teams über Einzelinteressen stellt, ist mehr als die Summe der Fähigkeiten seiner Teammitglieder. Ein funktionierendes und gut organisiertes Team mit beispielsweise acht Teammitgliedern leistet mehr als zehn Topleute, die jeder für sich vor sich hin werkeln. Das gilt in der Produktionshalle noch mehr als in anderen Unternehmensbereichen.

4.4 Der Unterschied zwischen Shop-Floor-Manager und klassischem Teamleiter Produktion

Bisher haben wir immer vom Shop-Floor-Manager gesprochen. Jetzt ist es an der Zeit, den Teamleiter Produktion vorzustellen.

Stopp, liebes Autorenteam, ich habe da mal einen Einwand!
Ich bin etwas verwirrt durch den Teamleiter Produktion: Ich hatte eher damit gerechnet, zu erfahren, wie der Shop-Floor-Manager im Team agiert.

Um Shop-Floor-Management erfolgreich zu gestalten, müssen folgende Aufgaben erfolgreich abgedeckt werden: Teamleiter, Verbesserungsmanager, Planer, Industrial Engineer, Qualitätsmanager, Arbeitsvorbereiter. Diese Aufgabenfelder des Shop-Floor-Managers stellen wir noch ausführlich vor. Es gibt aber prinzipiell zwei Organisationsformen, die in der Produktion besonders dazu geeignet sind, Shop-Floor-Management zu organisieren: Da ist zum einen der eigentliche Shop-Floor-Manager. Sein wichtigstes Merkmal: Er leitet das Team von innen, er ist Mitglied des Teams. Und dann gibt es noch den Teamleiter Produktion, der mehrere Teams von außen führt.

Ist eine der Organisationsformen besser geeignet als die andere, das Prinzip „Führen vor Ort" zu verwirklichen?
Sie werden gleich von den Vor- und Nachteilen der beiden Organisationsformen lesen. Wir als Autorenteam haben in unserer Beratungstätigkeit die Erfahrung gemacht, dass der Shop-Floor-Manager im eigentlichen Sinn ein Team noch effektiver leiten kann als der Teamleiter Produktion. Denn der Shop-Floor-Manager ist noch näher dran am Team als der Teamleiter Produktion, weil er selbst Mitglied des Teams ist. Aber: Shop-Floor-Manager oder Teamleiter Produktion – letztendlich ist dies eine Entscheidung, die ein Unternehmen allein im Hinblick auf die jeweiligen unternehmensinternen Gegebenheiten treffen muss.

Team-Führung von innen versus Team-Führung von außen

Bei Toyota werden die zumeist kleinen Teams – sie umfassen fünf bis zehn Mitarbeiter – von einem Teamleiter begleitet, dem Hancho. Wenn in diesem Buch vom Shop-Floor-Manager gesprochen wird, dann ist der Hancho das „Rollenvorbild". Er arbeitet im Team, das heißt: Er hat seinen Arbeitsplatz in unmittelbarer Nähe seiner Mitarbeiter. Das bietet zahlreiche Vorteile. So kann der Hancho während seiner Arbeitszeit sein Team ständig betreuen. Er erkennt sofort, wenn an einem Arbeitsplatz Probleme entstehen, und kann diese direkt gemeinsam mit dem Mitarbeiter lösen. Die räumliche Nähe ermöglicht kurze Wege, auch kurze Entscheidungswege, und die unmittelbare Kommunikation.

Wenn Sie also wissen, welche Aufgaben und Funktionen der Hancho im Toyota-Produktionssystem hat, können Sie auch bereits einschätzen, welche Aufgaben der Shop-Floor-Manager wahrnimmt.

Wichtig ist, den Shop-Floor-Manager klar vom traditionellen Teamleiter Produktion abzugrenzen:

- Der Teamleiter Produktion gehört nicht zum Team selbst, er steht außerhalb des Teams und steuert und lenkt es „von außen", wobei er mehrere Teams betreut. Wie gesagt: Der Shop-Floor-Manager hingegen ist Teil des Teams – er ist der fachliche Vorgesetzte, aber gleichzeitig normaler Mitarbeiter des Teams.
- Während der Teamleiter Produktion fachliche und disziplinarische Weisungsbefugnis hat, konzentriert sich die Weisungsbefugnis des Shop-Floor-Managers auf fachliche Aspekte. Die disziplinarische Weisungsbefugnis liegt beim Vorgesetzten des Shop-Floor-Managers.
- Der Teamleiter Produktion verfügt über die Berechtigung, Verantwortung zu delegieren. Er hat disziplinarische Weisungsbefugnis. Der Hancho hat üblicherweise nur fachliche Weisungsbefugnis, keine disziplinarische. Der Teamleiter Produktion sorgt also dafür, dass in einem

Team jedes Teammitglied eine Aufgabe übernimmt – im Hancho-Modell sind die Aufgaben in einer Person, in der Person des Hanchos oder Shop-Floor-Managers gebündelt.

Die Abbildung 2 fasst die wesentlichen Unterschiede zusammen:

Teamleiter Produktion = Teamleiter außerhalb des Teams

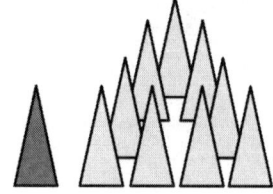

- betreut drei bis vier Teams
- hat fachliche und disziplinarische Weisungsbefugnis
- ist nicht ständig vor Ort
- arbeitet nicht im Team mit
- führt und koordiniert die Teams
- entwickelt die Mitarbeiter zur Aufgabenübernahme und Eigenverantwortung

Shop-Floor-Manager = Teamleiter innerhalb des Teams

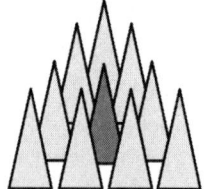

- ist Teil des Teams
- hat fachliche Weisungsbefugnis
- ist vor Ort im Teambereich
- arbeitet zu einem bestimmten Teil produktiv im Team mit
- nimmt nachhaltig Verbesserungen vor
- beseitigt Fehler und schult die Fehlerkultur

Abbildung 2: Teamleiter Produktion und Shop-Floor-Manager

Um es nochmals zu betonen: Beide – der Shop-Floor-Manager und der Teamleiter Produktion – verwirklichen in ihren Funktionen die Prinzipien des Shop-Floor-Managements. Weil der Shop-Floor-Manager aber das Team von innen führt – nämlich als Teil des Teams –, der Teamleiter Produktion hingegen von außen, gibt es einen graduellen Unterschied: Der Shop-Floor-Manager besitzt noch mehr „Stallgeruch" als der Teamleiter Produktion, er ist so etwas wie ein „Erster unter Gleichen", ein primus inter pares. Und darum ist er in Lage, die Prinzipien des unmittelbaren Führens vor Ort noch besser zu verwirklichen als der Teamleiter Produktion.

Mit anderen Worten: Als Springer arbeitet der Shop-Floor-Manager produktiv im Team mit. Ihm stehen aber mindestens 50 Prozent seiner Arbeitszeit zur Verfügung, um die oben genannten Aufgaben des Shop-Floor-Managers in seinem Team abzudecken.

> **Fazit: Die Kernbotschaften des vierten Kapitels**
>
> - Shop-Floor-Management heißt vor allem „Führung vor Ort".
> - Das Führen vor Ort lässt sich durch Teamarbeit verwirklichen: Kleine überschaubare Teams reagieren flexibel auf Herausforderungen und sind in der Lage, Probleme eigenverantwortlich zu lösen.
> - Teamorientiertes Shop-Floor-Management kennt zwei Organisationsformen: die des „Teamleiters Produktion" und den Shop-Floor-Manager im eigentlichen Sinn, der als integriertes Teammitglied das Team von innen her führt.

5.
Team-Führung von innen versus Team-Führung von außen – die zwei Organisationsprinzipien bei der Neugestaltung der Arbeit in der Produktionshalle

Was Sie in diesem Kapitel erfahren

- Wir gehen ausführlich auf die zwei Grundmodelle der wertschätzenden Führung ein und verdeutlichen die Unterschiede zwischen den Modellen.
- Sie lesen, welche Aufgaben der Shop-Floor-Manager wahrnimmt und wie er das Prinzip des Führens von innen lebt.
- Die Aufgaben des „Teamleiters Produktion" und das Prinzip des Führens von außen lassen sich mithilfe des „Sterne-Modells der Verantwortungsdelegation" veranschaulichen.
- Wir beschreiben, wann der Einsatz welcher Organisationsform sinnvoll ist.

5.1 Die Hauptaufgaben des Shop-Floor-Managers als Fachexperte im Team

Der Shop-Floor-Manager ist dann die richtige Organisationsform in der Produktion, wenn Ihr Unternehmen mit kleinen Teams arbeitet, in denen die Teammitglieder über begrenzte zeitliche Freiräume verfügen. In diesem Fall ist es sinnvoller, einen Mitarbeiter von der produktiven Arbeit zu entlasten, damit dieser sich um alle Aspekte der Organisation, der aktiven Arbeit an den Zielen, die Standards und so weiter intensiv kümmern kann – und zwar durch die Führung von innen. Und das ist der Shop-Floor-Manager. Die Abbildung 3 visualisiert die Stellung des Shop-Floor-Managers im Teamgefüge.

Stopp, liebes Autorenteam, ich habe da mal eine Frage!
Sie erwähnten im letzten Kapitel, der Shop-Floor-Manager solle ungefähr die Hälfte seiner Arbeitszeit nutzen, um die spezifischen Aufgaben des Shop-Floor-Managers wahrzunehmen? Den Rest der Zeit verbringt er wie die anderen Teammitglieder an seinem eigentlichen Arbeitsplatz?

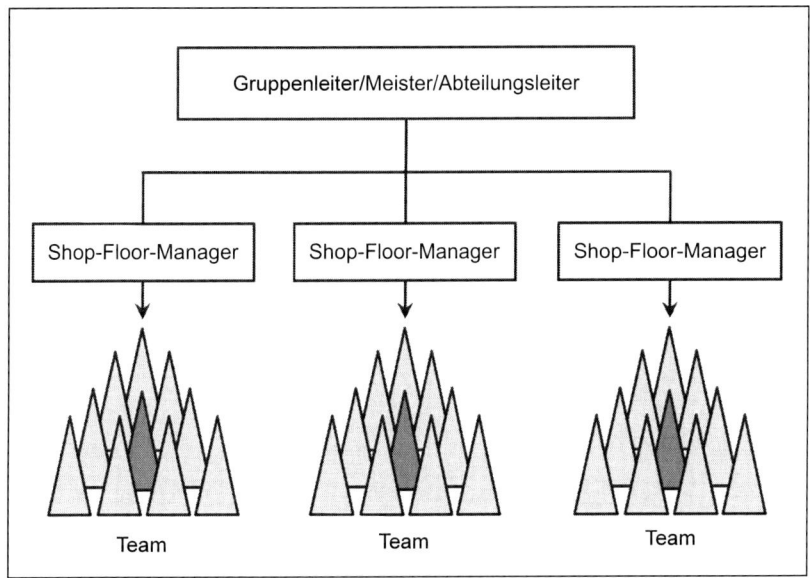

Abbildung 3: Der Shop-Floor-Manager im Teamgefüge

Ja, Sie haben die zeitliche Aufteilung richtig beschrieben. 50 Prozent seiner Zeit verbringt der Shop-Floor-Manager im Rahmen seiner üblichen Tätigkeit. Für die anderen 50 Prozent ist er freigestellt, um seine Shop-Floor-Management-Aufgaben zu erledigen. Übrigens: Bereits im Toyota-Modell ist der Hancho auch dafür zuständig, die Mitarbeiter, also die Teammitglieder, motivatorisch zu unterstützen. Dazu benötigt der Shop-Floor-Manager natürlich auch und vor allem Zeit. Darum ist die Zeitplanung ein bedeutsamer Erfolgsfaktor. Der Shop-Floor-Manager muss sicher sein können, dass ihm ein festes Zeitkontingent zur Verfügung steht, um sich um seine Teammitglieder kümmern zu können – fachlich und menschlich.

Verbesserungsprozesse anstoßen und managen

Als Fachexperte sorgt der Shop-Floor-Manager durch ständige Prozessbeobachtung und permanentes Feedback sowie durch permanentes Trainieren der Mitarbeiter für die Verbesserung der Prozesse und Arbeitsergebnisse. Er erkennt Schwachpunkte im Prozess und in der Arbeitsweise, spiegelt sie dem Team und findet gemeinsam mit dem Team Verbesserungsmöglichkeiten. Diese Verbesserungsmöglichkeiten werden getestet und bei Bewährung als Standard beschrieben und für alle Mitarbeiter verbindlich gemacht.

Dabei betreibt der Shop-Floor-Manager eine viel direktere Führungsarbeit als der klassische Teamleiter Produktion. Bei dieser Organisationsform werden Verbesserungen meistens durch die Mitarbeiter, die Teammitglieder selbst angestoßen. Man erwartet es von ihnen – und darum agiert der Teamleiter Produktion in dieser Hinsicht zurückhaltender. Denn der Teamleiter Produktion setzt noch mehr als der Shop-Floor-Manager auf die Eigeninitiative und die Fähigkeit zur Selbstorganisation seiner verschiedenen Teams. In vielen Unternehmen entwickelt sich diese notwendige Eigeninitiative aber leider nicht. Zumindest beobachteten wir dieses in den letzten zehn Jahren so. Offenbar ist es sehr gewagt, auf Eigeninitiative und Selbstorganisation zu hoffen, wenn der Teamleiter Produktion nur ab und zu bei seinen Teams vorbeischauen kann. Denn mehr Zeitbudget hat er meist nicht für seine einzelnen Teams. Anders ist dies auch nicht möglich, weil er nur „ab und zu" bei seinen Teams vorbeischauen kann, um Hilfestellung zu geben.

Der Shop-Floor-Manager hingegen kann als integriertes Teammitglied die Mitarbeiter sehr viel unmittelbarer und zeitnah dazu ermuntern, eigene Ideen einzubringen. Er kann – weil er eben im Gegensatz zum Teamleiter Produktion wirklich in der Produktionshalle ist – Impulse setzen, die Teammitglieder motivieren, innovative Vorschläge zu erarbeiten. Als Verbesserungsmanager besteht eines seiner Hauptziele darin, seinen Verantwortungsbereich weiterzuentwickeln und zum Beispiel Verschwendung kontinuierlich aus den Prozessen zu eliminieren. Und dazu regt er die Teammitglieder an, Vorschläge zu entwickeln.

> **Merke**
>
> Verbesserungen werden nicht im stillen Kämmerlein erdacht, sondern am „gemba", am Tatort, direkt IM Team, dort, wo die Wertschöpfung erbracht wird.

Der neue „Tatort": Verbesserungsvorschlag direkt am Ort des Geschehens aufgreifen

Es ist diese räumliche Nähe, durch die der Shop-Floor-Manager Verbesserungsideen direkt und gemeinsam mit den Mitarbeitern durchsprechen und erproben kann. Ein entscheidender Vorteil: Der Shop-Floor-Manager ist direkt ansprechbar, wenn ein Teammitglied eine Idee hat.

Stopp, liebes Autorenteam, ich habe da mal eine Frage!
Das ist doch etwas sehr abstrakt. Können Sie das an einem Beispiel veranschaulichen?
Natürlich. Stellen Sie sich vor, was passiert, wenn das Teammitglied Dieter Müller im konkreten Arbeitsprozess einen Verbesserungsvorschlag hat. Die Idee ist geboren, Dieter Müller könnte sie jetzt sofort am konkreten Objekt, bezogen auf den Produktionsprozess, darstellen. Aber wem? Die Führungskraft ist nicht greifbar, er sitzt in einer Besprechung. Wie wird Dieter Müller reagieren? Wird er seine Arbeit unterbrechen, seine Idee notieren – oder sich vielleicht sagen: „Ich muss meine Arbeit fortsetzen, um die Idee kümmere ich mich später."

Ich vermute, dann droht wohl eher die Gefahr, dass die Idee im Sande verläuft. Sie wird schlicht und einfach vergessen, weil es für Dieter Müller keine Möglichkeit gibt, sie zeitnah und am Ort der kreativen Ideenfindung jemandem mitzuteilen oder sie festzuhalten, und die Idee zu einem späteren Zeitpunkt aufzugreifen.

Ganz anders jedoch verhält es sich in der unmittelbaren Kommunikation mit dem Shop-Floor-Manager: Dieter Müller kann sich direkt mit ihm austauschen, seinen Verbesserungsvorschlag vorführen, am Objekt demonstrieren – und zwar am „Tatort", authentisch und zeitnah. Dieter Müller „brennt" noch für seine Idee, schildert sie in begeisterten und begeisternden Worten, er erhält vom Shop-Floor-Manager ein direktes Feedback. Dieser wiederum kann die Idee zum Beispiel auf dem Shop-Floor-Board notieren, sie ist fixiert, festgehalten, sie geht jetzt nie mehr verloren. Kein Zweifel: Es ist der Startschuss zu einem Verbesserungsprozess, der seinen Anfang direkt am Ort des Geschehens nimmt.

Vielleicht hat das Beispiel verdeutlicht, wie der Shop-Floor-Manager dazu beitragen kann, Verbesserungen sehr schnell umzusetzen. Wie werden nun die anderen Teammitglieder reagieren? Wir sind sicher: Sie fühlen sich durch das Müller-Beispiel ermutigt, selbst weitere Vorschläge und Ideen einzubringen. Denn sie erfahren haut- und zeitnah, welche direkten und konkreten Konsequenzen ihre kreativen Gedankenblitze nach sich ziehen.

Und dies ist auch wieder ein Beispiel dafür, dass die räumliche Nähe des Führens vor Ort im Teamgefüge zu einer mentalen Annäherung führt. Der Shop-Floor-Manager wird von seinen Teammitgliedern nicht als Kontrolleur empfunden, der ab und zu oder immer wieder einmal kurz vorbeischaut, um nach dem Rechten zu sehen. Nein: Wenn der Shop-Floor-Manager entsprechend wertschätzend vorgeht, wird er als Impulsgeber für Verbesserungen interpretiert, der seine Teammitglieder unterstützt, ihre Arbeit bestmöglich zu erledigen.

Leistung fordern – Sinn bieten

Dann wird es auch akzeptiert, wenn der Shop-Floor-Manager über die Sinnhaftigkeit des Tuns in der Produktionshalle spricht und die Bedeutung der Arbeit des Mitarbeiters für das „große Ganze" erläutert – ein Beispiel: „Schauen Sie, lieber Herr Müller, unser Unternehmen sieht Sie nicht als ausführendes Organ, das Produkte in vorgeschriebener Zeit in vorgegebener Qualität zu liefern hat, pünktlich und zuverlässig wie eine Maschine. Sie können direkt Einfluss auf die Arbeitsabläufe in Ihrem Verantwortungsbereich nehmen und in Eigeninitiative Verbesserungsvorschläge unterbreiten. Sie können sich aktiv an der Gestaltung Ihrer Arbeit beteiligen. Und dazu möchte ich Sie als Ihr Shop-Floor-Manager ausdrücklich ermuntern. Sie sehen: Wir fordern zwar Leistung, aber wir, das Unternehmen, bieten auch Sinn."

Qualität und Standards sichern

Selbstverständlich ist das Verbesserungsmanagement nicht die einzige Aufgabe des Shop-Floor-Managers. Dies zeigt die Abbildung 4 auf der folgenden Seite.

Der Shop-Floor-Manager ist der Qualitätsverantwortliche seines Teams. Er hat die Qualitätskennzahlen im Blick und nimmt Abweichungen sofort wahr. Denn er führt regelmäßig Prozessprüfungen durch und zeichnet die Ergebnisse auf.

Im ständigen Dialog mit dem Team beschreibt er die Probleme, ermittelt die Ursachen einer Abweichung vom Plan-Soll und bespricht mit den Kollegen die Abstellmaßnahmen. Der neue Zustand wird erprobt und bei Bewährung in der Praxis zum Standard formuliert. Zudem achtet der Shop-Floor-Manager darauf, dass die Standards eingehalten werden.

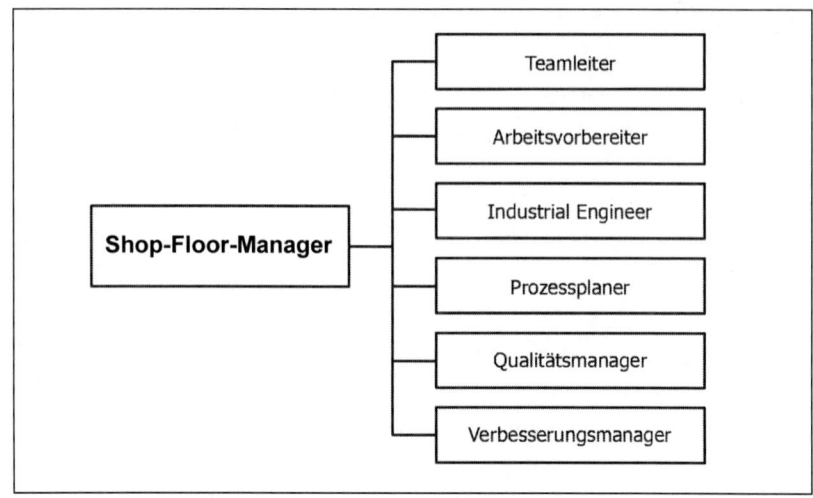

Abbildung 4: Rollen und Aufgaben des Shop-Floor-Managers

Klassisches Beispiel sind die DPU, die Defects per Unit. Der Shop-Floor-Manager kann sehr gut einschätzen, ob hier ein neuer Standard formuliert werden muss und ob er eingehalten werden kann. Schließlich arbeitet er zur Hälfte seiner Arbeitszeit selbst unter diesen DPU-Maßgaben. Haben die Kollegen Schwierigkeiten dabei, den Standard einzuhalten, kann niemand anders als der Shop-Floor-Manager selbst einschätzen, woran dies liegen könnte.

Prozesse planen und optimieren

Der Shop-Floor-Manager ist überdies Prozessplaner und Prozessoptimierer. Er sorgt dafür, dass seine Mitarbeiter optimal arbeiten und jeden Tag die Optimierung der Prozesse im Blick behalten können. Dazu überprüft er täglich, ob die tatsächliche Ausführung des Arbeitsprozesses durch den Mitarbeiter mit dem Prozessideal übereinstimmt.

Es ist einmal mehr die räumliche Nähe, die es dem Shop-Floor-Manager erlaubt, Abweichungen rasch zu erkennen und gemeinsam mit den Mitarbeitern dafür zu sorgen, diese abzustellen.

Liegt zum Beispiel die Zykluszeit über der festgelegten Taktzeit, können die Teammitglieder sofort aktiv werden, um herauszufinden, worauf dies zurückzuführen ist.

Arbeitsvorbereiter und Industrial Engineer

Der Shop-Floor-Manager teilt die Teammitglieder ein und aktualisiert die Planungen, wenn es etwa Störungen an der Maschine gibt oder Kollegen wegen Krankheit ausfallen. Zudem kommuniziert er das jeweilige Produktionsziel an das Team und plant Stillstände zum Beispiel für Wartungsarbeiten ein.

Er ist überdies dafür verantwortlich, dass das benötigte Material bereitsteht. Denn es fällt auch in den Zuständigkeitsbereich des Shop-Floor-Managers, für das Industrial Engineering im Team zu sorgen. Er kennt als unmittelbares Teammitglied die Anlagen und deren Zykluszeiten aus dem Effeff und arbeitet permanent daran, die Möglichkeiten der Anlagen zu optimieren.

Trainieren vor Ort: Training on the Job

Wer kann brachliegende Potenziale und Kompetenzlücken eines Mitarbeiters besser einschätzen als derjenige, der tagtäglich mit diesem Mitarbeiter zu tun hat und mit ihm zusammenarbeitet? Der Shop-Floor-Manager trainiert seine Mitarbeiter permanent. Er beobachtet, nimmt Abweichungen wahr und fokussiert sich auf den Prozess, den Mitarbeiter und das Umfeld, um zu verstehen, was gerade passiert.

Dann sucht der Shop-Floor-Manager das Gespräch mit dem Mitarbeiter und teilt ihm seine Beobachtungen mit. Er befragt ihn mit einer speziellen Fragemethodik und findet gemeinsam mit dem Mitarbeiter heraus, wie die Abweichung entstanden ist.

Stopp, liebes Autorenteam, ich habe da mal eine Frage!
Bei Abweichungen vom Soll wird trainiert, sagen Sie. Ist dies aber nicht eine von den Situationen, in denen die Mitarbeiter den Shop-Floor-Manager nicht als Führungskraft akzeptieren?

Wir haben die Erfahrung gemacht, dass diese Gespräche vom Mitarbeiter meistens nicht als Belehrungsstunde wahrgenommen werden, denn der Shop-Floor-Manager ist für ihn vor allem jemand, der vor Ort Hilfe zur Selbsthilfe anbietet und als Fachexperte auf Augenhöhe mit dem Mitarbeiter kommuniziert. Und natürlich macht der Ton die Musik. Hier zeigt sich die Wichtigkeit des wertschätzenden Führens. Gelingt dies, sieht der Mitarbeiter den Shop-Floor-Manager nicht als Vorgesetzten an, der von oben herab dem „kleinen" Mitarbeiter besserwisserisch zeigen will, wie er was zu tun hat. Er akzeptiert ihn vielmehr als „Ersten unter Gleichen". Als hautnaher Begleiter der Arbeitsprozesse der Mitarbeiter kann der Shop-Floor-Manager auf eine unnachahmliche und authentische Art und Weise „Training on the Job" betreiben und seine Teammitglieder und ihre Weiterentwicklung unterstützen. Übrigens gilt dies insbesondere für neue Mitarbeiter, die in das Teamgefüge integriert und eingearbeitet werden müssen.

Liegt der Grund für die Abweichung im Verhalten des Mitarbeiters oder dessen Qualifikation, besteht Trainingsbedarf. Der Shop-Floor-Manager stellt dann zum Beispiel One-Point-Lessons zusammen, die exakt auf die Situation und den Mitarbeiter zugeschnitten sind und führt diese Weiterbildung zeitnah durch. Basis ist immer die Beschreibung des Standards.

Liegt die Ursache im Prozess, wird der Standard mit den Mitarbeitern überprüft und ausprobiert, wie sich Verbesserungen erzielen lassen. Funktioniert die verbesserte Vorgehensweise, wird sie als neuer Standard beschrieben. Alle Mitarbeiter müssen dann entsprechend trainiert werden.

Meistens wird dabei der PDCA-Zyklus eingesetzt, um zu kontinuierlichen Verbesserungen zu gelangen, also nach dem Muster „Plan – Do – Check – Act". Der Shop-Floor-Manager erkennt das Verbesserungspotenzial, macht einen Trainingsvorschlag und begleitet die Umsetzung. Die Ergebnisse werden überprüft und bei Erfolg als Standard für alle Teammitglieder übernommen. In der Phase Act schließlich wird der neue Standard auf breiter Front eingeführt, festgeschrieben und regelmäßig auf Einhaltung überprüft.

Ständig und produktiv Feedback geben

Kommen wir zu einer Aufgabe, bei der die kommunikative Kompetenz des Shop-Floor-Managers eine dominante Rolle spielt. Die Führungskraft gibt den Mitarbeitern regelmäßig Feedback auf der Basis dessen, was sie beobachtet. In diesem Zusammenhang wird nochmals das entscheidende Merkmal der Arbeit des Shop-Floor-Managers deutlich: Er ist vor Ort in seinem Team und betreut seine Mitarbeiter – kritisch, unterstützend und wertschätzend. Dabei erkennt er als integriertes Teammitglied sehr genau, ob die Standards eingehalten werden. Und er erkennt, wenn ein Mitarbeiter in seiner Arbeit nicht optimal vorgeht.

Seine Aufgabe besteht nun aber nicht darin, den Mitarbeiter durch eine klare Anweisung aufzufordern, „es besser und richtig zu machen". Nein – er gibt wiederum Hilfe zur Selbsthilfe – dazu ein Beispiel.

Feedback: Die innere Haltung des Shop-Floor-Managers

Ein Mitarbeiter macht einen Fehler. Der Shop-Floor-Manager geht zu seinem Mitarbeiter und befragt ihn:

- Warum gehst du bei diesem Arbeitsschritt so vor?
- Welche Schritte hast du schon mal anders versucht?
- Welche Vor- und Nachteile deiner Vorgehensweise siehst du?"

Durch seine Fragen gibt er dem Mitarbeiter die Chance, selber zu erkennen, wo und warum ihm Fehler unterlaufen sind oder warum es ihm nicht gelungen ist, optimal zu arbeiten. Er begegnet dem Mitarbeiter auf Augenhöhe, er begibt sich nicht auf die berühmt-berüchtigte Suche nach dem Schuldigen, er schiebt dem Mitarbeiter nicht den „Schwarzen Peter" zu.

Die Folge: Der Mitarbeiter weiß, dass er ernst genommen wird, weil der Shop-Floor-Manager ihn direkt und aktiv an der Problemlösung beteiligt. Und er wird mit hoher Wahrscheinlichkeit motivierter weiterarbeiten, weil ihm eben nicht durch eine aufgezwungene Arbeitsanweisung befohlen worden ist, was er zu tun oder zu lassen hat.

Klar ist aber auch: Dazu benötigt der Shop-Floor-Manager die innere Haltung, jeden Mitarbeiter als Individuum mit eigenen Stärken und Lernfeldern zu sehen, das wertvoll für das Unternehmen ist und zur Erreichung der Unternehmensziele einen unverzichtbaren Beitrag leistet.

Shop-Floor-Manager brauchen Fingerspitzengefühl

Der Shop-Floor-Manager ist in fachlicher Hinsicht die Führungsperson im Team. Er unterstützt das Team bei Problemen und ist der Ansprechpartner bei fachlichen Fragen. Sein Team akzeptiert ihn als Verantwortlichen für die Erreichung der Ziele.

Und darum bilden die Basis der Zusammenarbeit zwischen Shop-Floor-Manager und Team das gegenseitige Vertrauen und die Wertschätzung.

Dabei besteht die Herausforderung für den Shop-Floor-Manager darin, den goldenen Mittelweg zu finden zwischen der Notwendigkeit, Arbeitsprozesse und die Arbeitsweise von Mitarbeitern durchaus auch einmal kritisch infrage zu stellen – und die Mitarbeiter mit positiven Impulsen zu motivieren, notwendige Veränderungsprozesse in Eigeninitiative anzugehen.

Mit anderen Worten: Er holt die Mitarbeiter immer wieder aus ihrer Komfort-Zone heraus, regt sie zum Nach- und Mitdenken an – jedoch nie auf eine Art und Weise, durch die die Mitarbeiter aus ihrer „Wohlfühlzone", in der allein sie optimale Arbeitsergebnisse erzielen können, herausgestoßen werden. Vielmehr gelingt ihm dies mit Sensibilität und Fingerspitzengefühl.

5.2 Der Teamleiter Produktion und seine Sterne-Inhaber

Wann sollte ein Unternehmen den Teamleiter Produktion in seine Organisationsstruktur integrieren? Setzt eine Firma auf teilautonome Gruppenarbeit oder Gruppenarbeit mit verteilter Verantwortung, dann ist der Teamleiter Produktion sicherlich die richtige Lösung, um die Führungsfrage zu klären. Denn in diesem Fall gehört es zu den Unternehmenszielen, alle Teammitglieder zu befähigen, ihre Aufgaben selbstständig und eigenverantwortlich zu erledigen. Der Teamleiter Produktion kann mehrere Teams betreuen und muss nicht permanent vor Ort sein. Das setzt aber voraus, dass die Teammitglieder genügend zeitliche Freiräume haben, um ihre Gruppenarbeit mit Leben zu füllen.

Entscheidender Unterschied zum Shop-Floor-Manager ist, dass der Teamleiter Produktion die Aufgaben, die der Shop-Floor-Manager übernimmt, auf die einzelnen Teammitglieder verteilt.

Stopp, liebes Autorenteam, ich habe da mal eine Frage!
Können Sie auch hier wieder mit einem Praxisbeispiel für Veranschaulichung sorgen?

Wir wollen Ihnen das an einem Beispiel aus der Metall verarbeitenden Industrie erläutern. Dort arbeitet ein Serienhersteller mit neunhundert Mitarbeitern in der Produktion durchgängig mit Teamarbeit und Teamleitern. Der Teamleiter Produktion führt etwa 25 Mitarbeiter, teils über drei Schichten in drei Teams, teils aufgeteilt in zwei Teams auf einer Schicht. Mithilfe des sogenannten „Sterne-Modells der Teamarbeit" haben einige Teammitglieder einige seiner Aufgaben übernommen.

Warum Sterne-Modell?
Abbildung 5 auf Seite 84 zeigt Ihnen, dass es im Team mehrere Verantwortungsbereiche gibt. Der Teamleiter Produktion überträgt einem Teammitglied einen Verantwortungsbereich, auch Stern genannt. Im Unterschied zum Shop-Floor-Manager hat er also die Befugnis, Verantwortung zu übertragen. Zu den Bereichen zählen zum Beispiel die Feinplanung der Aufträge, die Produktschulungen, die Vorbereitung von Total Productive Maintenance- und Arbeitssicherheits-Audits, die Feinabsprachen mit dem Service, die Dokumentation von Beinah-Unfällen, die Vorbereitung von Wartungsschichten. Das heißt: Verschiedene Teammitglieder erledigen als „Sterne-Inhaber" diese Aufgaben in Zusammenarbeit mit dem Team.

Anders als der Shop-Floor-Manager, der diese Aufgaben als Teammitglied und „Erster unter Gleichen" selbst übernimmt.
Genau. Im „Sterne-Modell der Teamarbeit" hingegen deckt jeder Stern einen bestimmten Aufgabenbereich wie Arbeitssicherheit, Anlagentechnik, Ausbildung oder Qualität ab. In jenem Unternehmen der Metall verarbeitenden

Industrie hat es natürlich eine Zeit gedauert, bis die Sterne-Inhaber im Team nachvollziehen konnten, wie sie ihre neuen Aufgaben erfüllen konnten. Der Teamleiter Produktion hat sie dabei angeleitet und unterstützt und für die erforderliche Qualifikation gesorgt. Vor allem hat er ihnen aber Zeit verschafft, ihre Aufgaben zu erledigen. Heute kann er sich darauf verlassen, dass sie sich um ihre Themen eigenständig kümmern. Nur so hat er den Kopf frei, sich um anstehende Veränderungen der Produkte und Prozesse zu kümmern und in den verschiedenen Change-Projekten mitzuwirken.

Team-Führung von außen mit dem Sterne-Modell

Gehen wir noch einmal konkreter auf das Sterne-Modell ein, das bei der Variante „Führen von außen" eine wichtige Rolle spielt. In einem Team werden spezifische Funktions- und damit Verantwortlichkeitsbereiche integriert, sodass sich ein Team mit der Zeit selbstständig und dezentral reguliert. Diese Verantwortungsbereiche eines Teams werden als Sterne bezeichnet. Mitarbeiter eines Sterns übernehmen gezielt Verantwortung und verstehen sich als Ansprechpartner, Informationsknotenpunkt und Koordinator für einen klar definierten Bereich. Je klarer das Aufgabenfeld umgrenzt ist, desto leichter fällt es Menschen, sich damit zu identifizieren.

Ob ein Stern aus mehreren oder nur einem Mitarbeiter besteht, ist von der Größe des Teams abhängig. Ziel ist es, dass die Summe der Sterne den Aufgaben- und Verantwortungsbereich eines Teams komplett abdeckt. Die einzelnen Sterne-Verantwortlichen tauschen sich in regelmäßigem Abstand mit ihrem Teamleiter aus.

Abbildung 5: Die Führung von außen und das Sterne-Modell. Basiert auf dem Sterne-Konzept der Teamorganisation der Aluminium Norf GmbH

Erlebte Selbstwirksamkeit führt zu mehr Lernen

Die Beteiligung der Teammitglieder durch die Übernahme von Sterne-Tätigkeiten wirkt sich bei den Mitarbeitern auf den unterschiedlichen Ebenen positiv aus. So berichten Mitarbeiter von einem erhöhten Gefühl der Selbstwirksamkeit, besserer Akzeptanz von Entscheidungen, höherer Identifikation mit dem Unternehmen und seinen Entscheidungen, besserer Leistung, erhöhter Arbeitszufriedenheit und mehr sozialer Unterstützung durch Führungskräfte und Kollegen.

Oft bildet jedes Schichtteam ein eigenes Sterne-Modell aus. Dabei besteht auch die Möglichkeit, dass sich verschiedene Sterne-Inhaber aus unterschiedlichen Schichtteams, die den gleichen Zuständigkeitsbereich betreuen, untereinander austauschen und selbstständig beraten können.

Die Sterne-Inhaber „Qualität" aus den Schichtteams 1, 2 und 3 zum Beispiel treffen sich dann, um sich über die jeweils entdeckten Fehlerschwerpunkte auszutauschen: „Wie seid ihr auf die Fehlerquelle gestoßen, wie habt ihr reagiert? Können wir voneinander lernen?" Die Folge: Auf diese Art und Weise können ohne die Mitwirkung von Personen außerhalb des Teams Verbesserungen von Schicht zu Schicht weitergetragen werden.

Gegenseitiges Vertrauen schaffen – die Aufgaben des Teamleiters Produktion

Die Führung des Teams von außen ist eine Alternative des Shop-Floor-Managements. Führung von innen – Führung von außen: Beide Varianten lassen Führungsebene und Ausführungsebene näher aneinander rücken und ermöglichen einen intensiven Austausch zwischen Führungskraft und Mitarbeitern. Die Neugestaltung der Arbeit in der Produktionshalle durch die zwei Organisationsformen des Shop-Floor-Managements führt zu besseren Arbeitsergebnissen. Da den Mitarbeitern mehr zugetraut wird und sie menschenorientiert und wertschätzend geführt werden, arbeiten sie motivierter und letztendlich auch effektiver.

Wir richten den Fokus noch einmal etwas stärker auf den Teamleiter Produktion.

> **Merke**
>
> Da er seine Teams von außen steuert, liegt einer der Schwerpunkte seiner Tätigkeit in der Förderung der Mitarbeiter hin zu mehr Eigenständigkeit und Selbstorganisation.

Seine Aufgabe ist es, die Mitarbeiter dazu zu befähigen, die eigene Arbeit zu organisieren, und mit ihnen Regeln aufzustellen, an die sich alle halten. Dies ist auch notwendig – immerhin soll die Eigenorganisation nicht im Chaos enden, sondern zügig und zur Zufriedenheit aller Beteiligten umgesetzt werden.

Zu den weiteren Schwerpunkten der Arbeit des Teamleiters gehört es, Vertrauen zu schaffen: Die Teammitglieder müssen spüren, dass er ihnen vertraut und auch etwas zutraut. Umgekehrt benötigt der Teamleiter Produktion das Vertrauen der Teammitglieder und die Sicherheit, dass die übertragenen Aufgaben vom Team verantwortungsvoll bearbeitet werden.

Der Teamleiter Produktion ist überdies darauf angewiesen, dass die Mitarbeiter im Team eng zusammenarbeiten, sich bei Problemen austauschen und ihre Aufgaben gemeinsam lösen. Zu seinem Tagesgeschäft gehört es, Transparenz in die Aufgaben zu bringen und Verständnis für die Aufgaben der anderen entstehen zu lassen. Dabei stellt er den Teamgedanken immer über die Einzelinteressen. Denn Zusammenarbeit kann sich nur dort entwickeln, wo die Beteiligten ihr gemeinsames Ziel erkennen und akzeptieren.

Der Teamleiter Produktion sorgt dafür, dass die Teamziele bekannt, verstanden und akzeptiert sind. Dazu muss er täglich den Stand der Zielerreichung überprüfen und dem Team rückmelden. Nur wenn die Teammitglieder wissen, wo sie stehen, werden sie auch an Verbesserungen mitwirken. Daher gehört die Sichtung und Kommunikation von tagesaktuellen Kennzahlen zur Hauptaufgabe des „Teamleiters Produktion". Hieraus entwickelt er mit dem Team gemeinsam Ansatzpunkte für Verbesserungen im Team.

Auch beim Sterne-Modell sollen die Teammitglieder selbstverständlich Problemlösungen suchen und verwirklichen. Der Teamleiter Produktion zeigt ihnen, wie sie hinter den Problemen die Ursachen aufdecken und wie sich daraus neue Ansatzpunkte für Verbesserungen erarbeiten lassen. Sein Ziel ist es dabei immer, dass die Mitarbeiter möglichst früh auftretende Probleme erkennen und mit den entsprechenden Problemlösungen vertraut sind.

Der Teamleiter Produktion fördert und entwickelt die Mitarbeiter im Team, er coacht sie und zeigt ihnen Lernmöglichkeiten auf. Hierzu gehören fachliche und methodische Schulungen. Konkretes Beispiel: Er fördert aufseiten der Teammitglieder das Expertenwissen zu den technischen Anlagen und vermittelt Vorgehensweisen und Abläufe zur Lösung von Problemen. Er befähigt die Mitarbeiter dazu, die Sterne-Tätigkeiten auszuführen.

Last but not least: Es liegt in der Verantwortung des „Teamleiters Produktion", die Teammitglieder in Entscheidungs- und Verbesserungsprozesse einzubinden. Darum verbringt er einen großen Teil seiner Zeit mit Verbesserungsprojekten. Er kann jedoch nur dann erfolgreich mitwirken, wenn er die Sicherheit hat, dass seine Mitarbeiter ihr Tagesgeschäft selbstständig organisieren.

> **Fazit: Die Kernbotschaften des fünften Kapitels**
>
> - Zentraler Aspekt des Shop-Floor-Managements ist die Zusammenführung von Führungsebene und Ausführungsebene.
> - Dies gelingt durch zwei Organisationsformen: die Führung von innen durch den Shop-Floor-Manager und die Führung von außen durch den Teamleiter Produktion.
> - Die authentische Wertschätzung derjenigen Menschen, die einen wichtigen Anteil an der Wertschöpfung haben, ist bei beiden Organisationsformen das wichtigste Ziel.
> - Der Shop-Floor-Manager ist integraler Bestandteil des Teams und kann aufgrund der Nähe zu seinen Teammitgliedern direkt auf Arbeitsprozesse Einfluss nehmen und insbesondere Verbesserungsvorschläge der Mitarbeiter aufgreifen und umsetzen.
> - Der Teamleiter Produktion agiert zwar in größerer räumlicher und mentaler Entfernung, ist aber wie der Shop-Floor-Manager in der Lage, mitarbeiterorientiert Führungsaufgaben zu übernehmen.

Ausblick auf Teil C: In den nächsten Kapiteln beschäftigen wir uns mit den Führungskompetenzen des Shop-Floor-Managers. Dabei gilt: Auch der Teamleiter Produktion sollte über diese Fähigkeiten verfügen. Beim Shop-Floor-Manager erhalten diese Fähigkeiten allerdings eine zusätzliche Dimension, weil er als „Erster unter Gleichen" zugleich Kollege und Führungskraft ist.

Teil C:
Im Brennpunkt – der Shop-Floor-Manager als Führungskraft

6.
Die neue Herausforderung – Führen am Ort der Wertschöpfung

> **Was Sie in diesem Kapitel erfahren**
>
> - Wir zeigen auf, wie der Shop-Floor-Manager die Herausforderung bewältigt, den Spagat zwischen seinen Rollen als Führungskraft und als Mitarbeiter zu schaffen.
> - Dazu muss er Vertrauen aufbauen und sich mit den Grundlagen der Führung auseinandersetzen und Führungs-Know-how erwerben – insbesondere kommunikative Kompetenz, die ihn zum ständigen Dialog mit den Teammitgliedern befähigt.
> - Sie werden das Prinzip des Alltagscoachings kennenlernen – es gehört für den Shop-Floor-Manager zu den wichtigsten Führungsinstrumenten.

6.1 Vom Kollegen zum Chef

Shop-Floor-Manager stehen vor gewaltigen Herausforderungen: Sie sollen ein Team führen – und sind und bleiben zugleich Kollegen. Dies erfordert von allen Beteiligten ein Umdenken – eben jenen Mut zum neuen Denken, über den wir im ersten Kapitel nachgedacht haben. Die produktive Auseinandersetzung mit der komplexen Doppelrolle und die Aneignung von Führungswissen – das sind die zwei wichtigsten ersten Schritte auf dem Weg zu einem erfolgreichen Shop-Floor-Manager.

Vergleichbar ist die Situation mit der Problematik, die bei einer Beförderung entsteht. Gestern noch hat der Shop-Floor-Manager gemeinsam mit den Kollegen im Team gearbeitet – und heute ist er ihr Chef. Wie meistens im (Berufs)Leben: Entscheidend ist es, aktiv und offen klärende Gespräche mit den ehemaligen Kollegen, die nun zu Mitarbeitern geworden sind, zu führen.

Wahrscheinlich kämpft ein Shop-Floor-Manager dann mit einem Problem, das sich in der folgenden Frage konkretisiert: „Wie nur gehe ich mit den Kollegen um, denen ich früher gleichgestellt war und die ich jetzt führen soll?"

Aber das ist nur eine Herausforderung, vor der jeder steht, der vom Kollegen zum Chef wird. Wie zum Beispiel geht der Shop-Floor-Manager mit dem schwierigen Kollegen um, mit dem er sich noch nie so richtig gut verstanden hat? Das andere Extrem ist der Duzfreund, mit dem er vielleicht sogar ab und an auch privat unterwegs war. Folgende Verhaltensweisen sind dann eher kontraproduktiv:

- Wenn er ein übertriebenes „Kumpelverhalten" an den Tag legt, droht die Gefahr, dass ein Mitarbeiter ihn nicht ernst nimmt und seine nachgiebige Haltung auszunutzen versucht, nach dem Motto: „Wir haben uns doch immer super verstanden. Könntest du nicht mal ..." „Everybodys Darling" sein zu wollen – diese Strategie funktioniert meistens nicht.
- Unsichere Menschen, die nicht wissen, wie sie sich angesichts der ungewohnten Situation verhalten sollen, kompensieren ihre Verlegenheit oft mit übertriebener Stärke. Sie wollen demonstrieren, dass sie sich von den ehemaligen Kollegen keinesfalls auf der Nase herumtanzen lassen. Besser aber ist es, sie lassen sich nicht zu einer „Politik der Stärke" hinreißen – ansonsten kann es zu genau der Konsequenz kommen, die sie verhindern wollten: „Was spielt der sich auf und lässt den Chef raushängen", heißt es dann auf Seiten der Mitarbeiter.

> **Merke**
>
> Shop-Floor-Manager, die Teil des Teams sind, und zugleich eine übergeordnete Funktion innehaben und die Teammitglieder zumindest fachlich führen sollen, brauchen Zeit, um sich mit der Situation zu beschäftigen.

Viele Shop-Floor-Manager tun sich mit dieser Doppelrolle zunächst einmal sehr schwer. Darum muss ihnen die Geschäftsleitung die Zeit geben, sich mit der Doppelrolle anzufreunden. Und auch die Mitarbeiter müssen sich an die neue Rolle ihres Kollegen gewöhnen.

„Wir sitzen alle im selben Boot!"

Am besten ist es, den Rollenwechsel von Anfang an deutlich zu kommunizieren und eine Haltung an den Tag zu legen, die signalisiert: „Obwohl sich das Binnenverhältnis zwischen uns geändert hat: Wir sitzen immer noch im selben Boot. Und nur gemeinsam können wir es zum Erfolg steuern."

Zugleich ist es notwendig, im Rahmen der neuen Rolle Vertrauen aufzubauen. Denn klar ist: Was man dem Kollegen mitteilt und anvertraut, sagt man dem Chef, dem Shop-Floor-Manager, noch lange nicht.

Während die Geschäftsleitung die entsprechenden Rahmenbedingungen schafft, damit Shop-Floor-Manager und Teammitglieder zusammenfinden, kann auch die Führungskraft selbst dazu beitragen, eine Vertrauenskultur entstehen und gedeihen zu lassen. Dies gelingt, indem sie bestimmte Verhaltensweisen an den Tag legt, die in Abbildung 6 zusammengefasst sind:

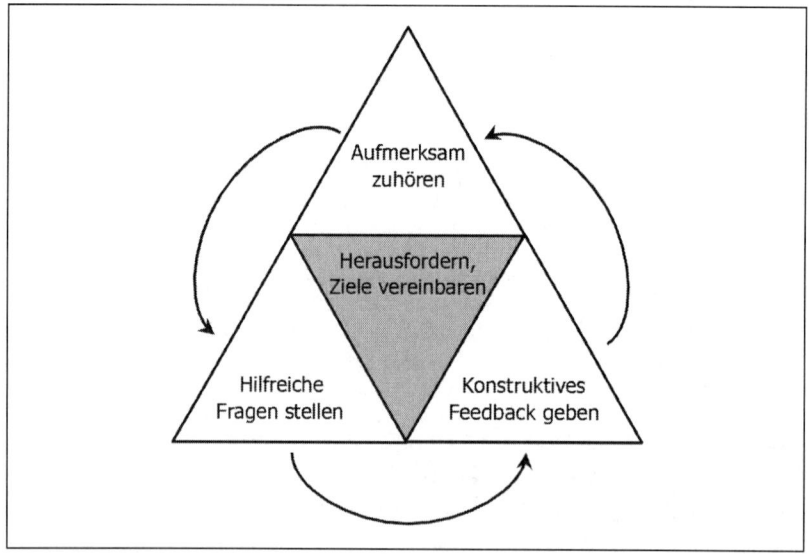

Abbildung 6: Vertrauen aufbauen durch mitarbeiterorientiertes Verhalten

Feedback geben, aufmerksam zuhören, Fragen stellen

Nach unserer Erfahrung gelingt der Vertrauensaufbau vor allem, wenn der Shop-Floor-Manager die innere Haltung aufbaut, zum Wachstum seiner Mitarbeiter beizutragen, indem er ihm ständiges Feedback gibt. Dann wird er – quasi wie von selbst – dem Mitarbeiter aufmerksam zuhören, ihn stets ausreden lassen, sich vollständig auf das konzentrieren, was der Gesprächspartner sagt, und durch gezieltes Nachfragen sicherstellen, alle Äußerungen des Gegenübers auch zu verstehen. Dies bezieht sich nicht nur auf den Wortlaut, sondern auch auf den Sinn der Äußerungen.

Neben der inneren Haltung und Einstellung muss der Shop-Floor-Manager überdies überzeugen, indem er einfach eine gute Führungskraft ist. Dazu sollte er über ein möglichst breites und differenziertes Instrumentarium an Führungstechniken verfügen, das er mitarbeiterorientiert und situationsangemessen einsetzt – dazu später mehr.

Ein wichtiger Vertrauenstreiber ist die kommunikative Kompetenz des Shop-Floor-Managers. Er sollte darum die wichtigsten Fragetechniken (siehe dazu die Abbildung 7) beherrschen, insbesondere die Fragearten der wertschätzenden Gesprächsführung. Außerdem sollte er in der Lage sein, die Gedanken und Äußerungen des Gesprächspartners in eigenen Worten wiederzugeben. So ist sichergestellt, dass „alles richtig bei ihm angekommen ist".

Frageart	Merkmale oder Beispiel	Zweck
Fragen, die wertschätzender Gesprächsführung verpflichtet sind		
Offene Frage	Meinungsfrage, W-Fragen, Antwort enthält hohen Informationswert	Dialogaufbau; Äußerungen zu Ansichten und Einstellungen
Informationsfrage	Direkte Frage	Informationen abfragen
Alternativfrage	Geschlossene Frage, Empfänger muss zwischen Alternativen auswählen	Stringente Gesprächslenkung im Sinne des Fragestellers
Motivationsfrage	Gefühle des Empfängers werden angesprochen	Motivation des Empfängers
Stimulierungsfrage	Enthält Lob für Empfänger	Motivation des Empfängers
Bestätigungsfrage	„Habe ich Sie richtig verstanden …?"	Absicherung einer Antwort
Präzisierungsfrage	Vertiefung einer vorhergehenden Frage	Informationsabsicherung und -verdichtung
Fragen, die eher als Manipulationsinstrument aufgefasst werden können		
Geschlossene Frage	Faktenfrage; beginnt mit Verb; Antwortoptionen: ja/nein; Antwort bietet geringen Informationswert	Einholung kurzer und knapper Information
Suggestivfrage	Geschlossene Frage; enthält Meinung des Fragestellers	Zustimmung einfordern
Scheinfrage	Indirekte Frage; oft als rhetorische Frage gestellt, auf die der Empfänger keine Antwort erwartet	Objektivierung der Aussagen des Fragestellers; dient auch der Zusammenfassung
Gegenfrage	Frage des Gegenübers wird mit einer Frage beantwortet	Konkreter Antwort ausweichen; Verunsicherung des Gesprächspartners; dient auch der Konkretisierung eines Sachverhaltes

Frageart	Merkmale oder Beispiel	Zweck
Unterschwellige Frage	Frageinhalt und Frageabsicht divergieren	Manipulatorische Frage
Inquisitorisch-personenorientierte Frage	Indirekte Frage, mit welcher der Empfänger bloßgestellt werden soll: „Sagten Sie eben nicht eindeutig …?"	Manipulatorische Frage; Aufdeckung von Widersprüchen in den Aussagen des Empfängers

Abbildung 7: Fragetechniken im Überblick. Quelle: Wittschier: Gesprächsführung und Gesprächstechniken für Führungskräfte

Vertrauensbildende Maßnahmen ergreifen

Mitarbeiterorientierte Shop-Floor-Manager leiten, wo immer möglich, vertrauensbildende Maßnahmen ein. Ehrlichkeit ist dabei die Grundlage. Dies gilt auch und gerade für „schlechte Nachrichten". In kritischen Situationen stellt der Shop-Floor-Manager die Lage darum am besten klar, sachlich und ohne Beschönigungen dar. Wenn er harte oder unangenehme Entscheidungen treffen muss, ist es klug, die Hintergründe und Konsequenzen für die Mitarbeiter zu erläutern.

In den meisten Mitarbeitergesprächen wird es ihm um den Aufbau eines konstruktiven Dialogs gehen – darum ist es zielführend, wenn seine Gesprächsführung „non-direktiv" ausgerichtet ist: Er steuert das Gespräch durch Fragen, geht auf die Äußerungen des Mitarbeiters ein und führt möglichst einen argumentativen Austausch herbei. Ziel ist die Begegnung in einer Atmosphäre der gegenseitigen Achtung und Wertschätzung.

Dazu trägt auch bei, das private Gespräch zu suchen. „Wie geht es denn Ihrem kranken Sohn?" Kleine Ausflüge in das Privatleben unterstützen die Etablierung der Vertrauenskultur. Wenn der Shop-Floor-Manager zum Beispiel Anzeichen dafür feststellt, dass ein Mitarbeiter durch ein persönliches Problem in der Ausübung seiner Tätigkeit eingeschränkt wird, darf er ruhig seine Unterstützung anbieten.

Stopp, liebes Autorenteam, ich habe da mal eine Frage!
Ein Hauptproblem für den Shop-Floor-Manager bei der Ausübung seiner Doppelrolle dürfte die Kontrollfunktion sein. Wie soll er damit umgehen?
Da legen Sie in der Tat einen Finger in die Wunde. Unser Tipp: „So viel Vertrauen wie möglich, so viel Kontrolle wie nötig" – vielleicht ist dies der goldene Mittelweg, der es dem Shop-Floor-Manager erlaubt, Kontrolle und Vertrauen in ein ausgewogenes Verhältnis zu setzen. Entscheidend ist, die Maßstäbe für die Kontrolle transparent zu machen.

Wie meinen Sie das?
Der Shop-Floor-Manager verdeutlicht: Es geht ihm nicht um die Kontrolle an sich, sondern um die Ergebnisse der Kontrolle, die häufig die Grundlage für die Verbesserung von Arbeitsprozessen und -abläufen in der Produktionshalle bilden. So werden die Kontrollmaßnahmen nicht als etwas Negatives – als Druck oder Einschränkung – beurteilt, sondern als Möglichkeit interpretiert, ein Feedback über geleistete Arbeit zu erhalten. Darum sollte der Shop-Floor-Manager ein Teammeeting veranstalten, in dem er klarstellt: „Ich bin jetzt nicht nur Kollege, sondern auch Führungskraft. Und dieser Rollenwechsel hat für unsere Zusammenarbeit folgende Konsequenzen: ..." Er spricht deutlich an, welche neuen Aufgaben er nun zu bewältigen hat. Wichtig ist, dass die Teammitglieder den Rahmen kennen, in dem ab jetzt die Zusammenarbeit mit ihnen abläuft. In dem Meeting kann er zudem potenzielle Konfliktherde direkt ansprechen und die gegenseitigen Erwartungen offen diskutieren.

Vertrauen rechtfertigen – Vertrauen fordern

Die vertrauensbildenden Maßnahmen haben zur Folge, dass Vertrauen nicht einfach nur eingefordert wird – nach dem Motto: „Liebe Mitarbeiter, vertraut mir bitte, ich weiß, was ich tue" –, sondern diese Forderung durch die Verhaltensweisen des Shop-Floor-Managers gerechtfertigt sind. Und so darf er erwarten, dass die Mitarbeiter sich im Sinne einer positiven Entwicklung des konstruktiven Verhältnisses engagieren.

So entsteht eine menschlich äußerst angenehme und produktive Arbeitsatmosphäre in der Produktionshalle. Führungskraft und Mitarbeiter erachten sich gegenseitig als würdig, dem anderen Aufmerksamkeit und Vertrauen zu schenken.

6.2 Der situative Führungsstil als Königsweg

Der Shop-Floor-Manager vertritt einerseits die Ziele und Interessen der Firma. Auf der anderen Seite ist er sehr nahe am Team und den Mitarbeitern und ist gefordert, die Sorgen, Freuden, Ängste, Erwartungen und Fragen der Mitarbeiter ernst zu nehmen und ihnen Unterstützung zu geben.

Wir hoffen, wir konnten verdeutlichen: Es ist vor allem die wertschätzende Einstellung des Shop-Floor-Managers gegenüber seinen Teamkollegen und Mitarbeitern, die ihn seine nicht einfache Arbeit und die erwähnte Doppelfunktion bewältigen lassen und ihm zugleich den Respekt seines Teams einbringen.

Selbstverständlich jedoch muss er dazu über ein gewisses Führungs-Know-how verfügen und sich darum mit den elementaren Grundlagen des Führens beschäftigen.

Erschwerend kommt hinzu: Er muss nicht nur tagtäglich mit den Mitarbeitern oder dem gesamten Team zusammenarbeiten und die Mitarbeiter durch Coaching, Feedback und Teamarbeit stetig weiterentwickeln. Auch die Weiterentwicklung der eigenen Persönlichkeit und die Optimierung der Arbeitsprozesse stehen für ihn im Fokus.

Bei all dem hilft ihm die Fähigkeit, situativ zu führen: Der Shop-Floor-Manager passt sein Verhalten sowohl den Mitarbeitern als auch der Situation an. Das situations- und personenbezogene Führen oder das Konzept der situativen Führung wurde von Paul Hersey und Ken Blanchard in den 1970er-Jahren entwickelt. Es geht davon aus, dass Führungskräfte grundsätzlich zwei Verhaltensweisen zeigen können, nämlich: aufgabenorientierte oder beziehungsorientierte Verhaltensweisen.

Für das Shop-Floor-Management heißt das:
- Eine Führungskraft, deren Verhalten aufgabenorientiert ist, schlägt einen einseitigen Kommunikationsweg ein und erklärt, was jeder Mitarbeiter tun muss und wie und wann es getan werden muss.
- Eine Führungskraft, deren Verhalten beziehungsorientiert ist, bietet Unterstützung an und bezieht sich in ihrem Verhalten auf den anderen Menschen. Das Verhalten ist auf die Unterstützung und Ermutigung des Mitarbeiters ausgerichtet.

Durch die Kombination dieser zwei Verhaltensweisen ergeben sich vier Führungsstile, die in Abbildung 8 dargestellt sind.

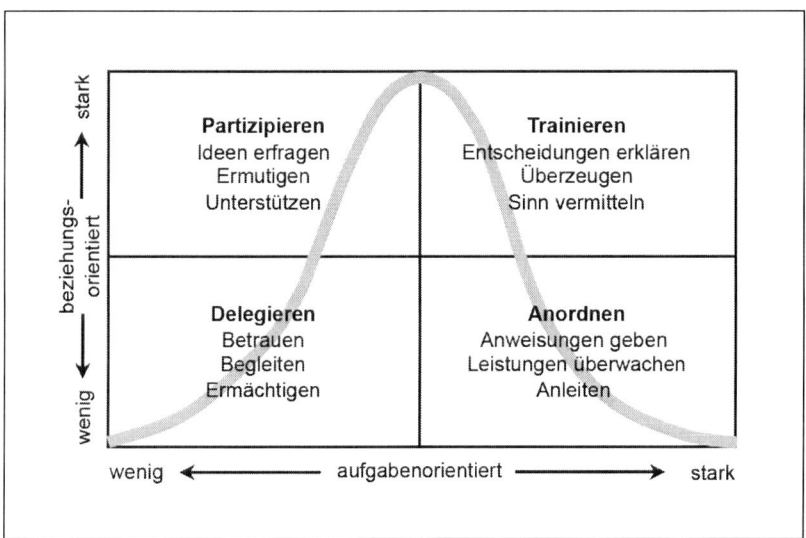

Abbildung 8: Hersey und Blanchard – Situative Führung und Führungsstile. Quelle: Hersey, Paul; Blanchard, Kenneth H.; Johnson, Dewey E.: Management of Organizational Behavior

Führungsverhalten situativ anpassen

Hersey und Blanchard sehen alle vier Führungsstile als gleichwertig an. Es geht also nicht um einen richtigen oder falschen Führungsstil. Jeder der vier aufgezeigten Führungsstile ist in bestimmten Situationen mehr oder minder hilfreich beziehungsweise effektiv.

Hersey und Blanchard beschreiben Führungssituationen anhand von zwei Kriterien:

1. Fähigkeit eines Mitarbeiters beziehungsweise eines Teams, eine Aufgabe zu bewältigen. Dazu gehört, dass das Team beziehungsweise der Mitarbeiter die Erfahrung, das Wissen und den Verantwortungssinn hat, eine Aufgabe termingerecht auszuführen.

2. Bereitwilligkeit beziehungsweise Motivation eines Mitarbeiters oder eines Teams, eine Aufgabe zu erledigen. Dazu gehört an erster Stelle der Wille, Verantwortung für die Aufgabenausführung zu übernehmen. Aber auch Beharrlichkeit, eine Aufgabe zu erfüllen, gehört dazu.

Diese beiden Kriterien fassen Hersey und Blanchard zu einem Konzept des Reifegrades der Mitarbeiter zusammen. Durch die Ausprägung von „niedrig" bis „sehr hoch" ergeben sich in der sogenannten Bereitschaftsskala vier Typen des Reifegrades (Abbildung 9).

Reifegrad der Mitarbeiter			
Hoch (R4)	Mittel (R3)	Mittel (R2)	Niedrig (R1,)
Fähig und bereit (selbstsicher)	Fähig, aber nicht bereit (unsicher)	Noch nicht fähig, aber bereit	Noch nicht fähig und noch nicht bereit (unsicher)
Mitarbeiter entscheidet	Mitarbeiter entscheidet mit	Vorgesetzter entscheidet	Vorgesetzter entscheidet

Abbildung 9: Hersey und Blanchard – Reifegrad der Mitarbeiter (Bereitschaftsskala).
Quelle: Hersey Paul; Blanchard, Kenneth H.; Johnson, Dewey E.: Management of Organizational Behavior

Reifegrad beachten

Fassen wir kurz zusammen: Es gibt verschiedene gleichberechtigte Führungsstile. Differenzierte Führungssituationen entstehen, weil Mitarbeiter aufgrund ihres jeweiligen Reifegrades unterschiedlich reagieren. Hersey und Blanchard geben Empfehlungen, welcher Führungsstil bei welchem Bereitschaftsgrad am effektivsten ist:

- Je weniger Eigenmotivation ein Mitarbeiter oder ein Team bei einer Aufgabe hat, desto mehr muss eine Führungskraft anleiten und überzeugen.
- Je mehr Eigenmotivation ein Mitarbeiter oder ein Team zeigt, desto mehr kann sich die Führungskraft als Leiter zurückziehen und eher einen partizipativen Führungsstil anwenden oder Aufgabengebiete sogar komplett delegieren.

Die Führungskunst des Shop-Floor-Managers besteht nun darin, den „richtigen" Führungsstil der jeweiligen Führungssituation und dem Reifegrad des Mitarbeiters anzupassen. Der Shop-Floor-Manager sollte einschätzen können, über welchen Reifegrad die Menschen in seinem Team verfügen. Denn diese Einschätzung hilft ihm dabei, sich in einer konkreten Situation angemessen zu verhalten.

Dazu einige einfache Beispiele: Die Fachkompetenz des Mitarbeiters im Team, der soeben erst die Ausbildung abgeschlossen hat, ist selbstverständlich noch nicht so weit entwickelt. Der Shop-Floor-Manager muss wohl vorzugsweise mit Anweisungen führen. Bei dem langjährigen Mitarbeiter wäre dies wahrscheinlich eher kontraproduktiv.

Die Erfahrung allein ist aber kein ausreichendes Kriterium, um den Reifegrad näher zu bestimmen. Hinzu kommt ja der Leistungswille: Es kann durchaus sein, dass der langjährige Mitarbeiter immer wieder einen motivatorischen Anstoß braucht, weil der Ausprägungsgrad seiner Eigenmotivation niedrig ist. Er ist zwar ein Topmitarbeiter, benötigt aber immer wieder einen kleinen Motivationsschubs.

Ein weiteres Reifegradkriterium ist die psychologische Reife des Mitarbeiters: Ist er willens und in der Lage, Eigenverantwortung zu übernehmen? Bei dem Teammitglied, der frisch aus der Ausbildung kommt, kann dies durchaus der Fall sein – trotz der fehlenden Fachkompetenz traut er es sich selbstbewusst zu, kreativ und engagiert eine Aufgabe in Eigeninitiative anzugehen. Bei dem erfahreneren Mitarbeiter, dessen Leistungsbereitschaft hoch ist, muss dies noch lange nicht so sein – der Grund: Er hat Angst davor, dass ihm Fehler unterlaufen.

> **Merke**
>
> Je reifer die Mitarbeiter sind, umso eher kann sie der Shop-Floor-Manager einbeziehen und zum eigenständigen Mitdenken und engagierten Einsatz ermutigen. „Reife" Mitarbeiter sollte er mit eigenen Aufgaben und Projekten betrauen und sie dabei unterstützen, vereinbarte Ziele zu erreichen.

Wer führen will, muss sprechen

So mancher Shop-Floor-Manager kann sich nicht mit dem Gedanken anfreunden, als Führungskraft vor allem ein „Maulwerker" zu sein. Will heißen: Sein wichtigstes Führungsinstrument ist die Kommunikation, die Sprache, die Gesprächsführung, der ständige dialogische Austausch mit den Mitarbeitern. Und das fällt ihm zuweilen schwer. Als Führungskraft sollte er sich auf die Kommunikation mit Menschen freuen und sie im Kommunikationsprozess als gleichberechtigte Partner ansehen.

Stopp, liebes Autorenteam, ich habe da mal einen Einwand!
Wahrscheinlich wissen Sie es genauso gut wie ich: Gerade in der Produktionshalle ist der klassische Weg des Führens die Anweisung. Da ist es schwierig, den Mitarbeiter als gleichberechtigten Partner anzusehen, mit dem man, wie Sie es vor einigen Seiten genannt haben, non-direktiv kommunizieren soll.

Wir machen ja keinen Hehl daraus, dass dazu der Mut zu einem neuen Denken notwendig ist. Shop-Floor-Management setzt auf Seiten der Führungskräfte auf ein positives Menschenbild, in dem den Mitarbeitern etwas zugetraut wird. Anweisungen von oben gibt es auch – aber nur, wenn der

Reifegrad des Mitarbeiters dies erforderlich macht. Ansonsten versuchen alle Führungskräfte in der Produktionshalle, den Menschen Achtung und Toleranz entgegenzubringen und sie so zu akzeptieren, wie sie sind. Natürlich ist der Shop-Floor-Manager bestrebt, die Mitarbeiter weiterzuentwickeln. Dies geschieht jedoch immer unter dem Aspekt, wie sie – unter Berücksichtigung ihrer Individualität – am besten dazu beitragen können, festgelegte Ziele zu erreichen und die bestmögliche Leistung zu erbringen. Wir erinnern an das Leitmotiv „Zukunft – Leistung – Menschlichkeit". Und darum versucht die Führungskraft, sich in die Position, in die Lage des anderen hineinzuversetzen und eine Angelegenheit auch aus der Sicht des Gegenübers zu betrachten. Diese Denkweise und Haltung sollte in der Produktionshalle Einzug halten, will man denn die Vision „Produktion neu gestalten" verwirklichen.

6.3 Wer führen will, muss coachen

Der Shop-Floor-Manager treibt das Gespräch aktiv mithilfe der vorgestellten wertschätzenden Gesprächstechniken voran und behält dabei die Position und die Bedürfnisse des Gesprächspartners im Auge. Wertschätzende Gesprächsführung kommt also weitgehend ohne Anweisungen aus. In den Mittelpunkt rückt vielmehr das coachende Führen, das im vierten Kapitel bereits kurz angesprochen wurde.

Für den Shop-Floor-Manager, der ganz nah dran ist am Alltagsgeschehen und der täglichen Arbeit der Mitarbeiter, hat es sich bewährt, das Instrument des Alltags-Coachings einzusetzen.

Alltags-Coaching in drei Schritten

Mit Alltags-Coaching ist die Unterstützung eines Mitarbeiters oder Kollegen bei Themen gemeint, die seine direkte Leistungserbringung betreffen. Wir unterscheiden – in Abbildung 10 – drei Stufen des Alltags-Coachings.

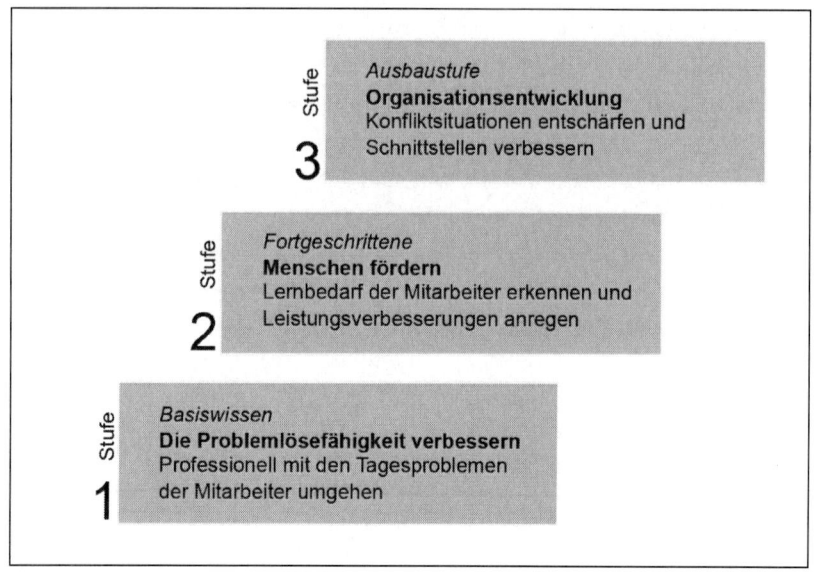

Abbildung 10: Die drei Stufen des Alltags-Coachings

Die Stufe 1 des Alltags-Coachings beschäftigt sich mit den Tagesproblemen der Mitarbeiter. Ziel ist es, die Problemlösefähigkeit zu verbessern. Natürlich sind auch andere Zielsetzungen vorstellbar, die der Shop-Floor-Manager mithilfe des Alltags-Coachings verwirklichen kann.

Die Stufen 2 und 3 bauen auf der ersten Stufe auf und entwickeln die Methode weiter. So steht bei Stufe 2 die Förderung und Entwicklung des Mitarbeiters im Mittelpunkt. Neben der Hilfe zur selbstständigen Problemlösung geht es nun vor allem darum, einen möglichen Lernbedarf des Mitarbeiters zu erkennen und Leistungsverbesserung anzuregen.

Entscheidend für den Shop-Floor-Manager ist die Stufe 1 des Alltags-Coachings. Denn der Shop-Floor-Manager hat vor allem mit den Tagesproblemen der Mitarbeiter zu tun – hier kann er die Instrumente des Alltags-Coachings am besten einsetzen, um dem Mitarbeiter im offenen und wertschätzenden Dialog Unterstützung anzubieten.

Keine Standardlösungen, sondern kreative Problemlösungen

Wie immer gilt: Beispiele veranschaulichen Sachverhalte am besten. Nehmen wir also an, ein Mitarbeiter kommt mit einer Frage zu seinem Vorgesetzten und erwartet von ihm eine Antwort oder Lösung. Der Vorgesetzte der klassischen Schule handelt in diesem Fall oftmals wie ein Automat, der dem Fragesteller die Antwort oder Lösung vorsetzt, nach dem Motto: „Richtig, dass Sie zu mir kommen, denn natürlich gibt es für dieses Problem eine Standardlösung – hier ist sie!"

Beim Alltags-Coaching jedoch geht der Shop-Floor-Manager anders vor: Er ermuntert den Mitarbeiter, eigenständig eine mögliche Lösung oder eine Antwort zu entwickeln. Das heißt: Der Shop-Floor-Manager präsentiert keine vorgefertigte Lösung. Seine Aufgabe ist es, die Eigenverantwortlichkeit des Mitarbeiters zu betonen und dessen Antwort oder Lösungsvorschläge lediglich zu bestätigen oder allenfalls zu korrigieren.

Eine Alternative ist, eine Empfehlung auszusprechen, wie der Mitarbeiter zu einer Lösung gelangen könnte, oder eine Problemlösung anzudeuten.

> **Merke**
>
> Wichtig ist, dass der Shop-Floor-Manager keine Lösung oder Antwort gibt, auch wenn er sie bereits kennt. Ziel ist es, dass der Mitarbeiter Verantwortung übernimmt oder sich selbst Unterstützung holt und den Shop-Floor-Manager zum Beispiel bittet, Hilfe zur Selbsthilfe zu leisten.

Stopp, liebes Autorenteam, ich habe da mal eine Frage!
Kostet das nicht unendlich viel Zeit?
Wie bereits erwähnt: Die Geschäftsleitung muss den Führungskräften und den Mitarbeitern diese Zeit geben. Das gilt nicht nur für das Beispiel oben, in dem der Mitarbeiter das Problem benennt und dem Shop-Floor-Manager eine Frage stellt. Es kann ebenso sein, dass der Shop-Floor-Manager ein Problem identifiziert und den Mitarbeiter darauf hinweist. Eine weitere Variante ist: Der Shop-Floor-Manager möchte, dass der Mitarbeiter die Situation besser einzuschätzen und ein Problem als solches zu erkennen lernt. Darum spricht er ihn darauf an. Die Problemlösung als solche verbleibt aber im Verantwortungsbereich des Mitarbeiters.

Das setzt die Bereitschaft des Mitarbeiters voraus, sich darauf einzulassen.
Richtig. Shop-Floor-Management verlangt eben auch von den Mitarbeitern den Mut zu einem neuen Denken und Handeln. Dies kann gar nicht genug betont werden. Wir haben jedoch die Erfahrung gemacht: Wer verdeutlicht, dass er dem Mitarbeiter etwas zutraut, bekommt dies zurückgezahlt, und zwar in Form eines engagierteren und motivierten Mitarbeiters, der bereit ist, das in ihn gesetzte Vertrauen mit besseren Leistungen zu rechtfertigen.

Das Alltags-Coaching ist besonders dazu geeignet, in der Produktionshalle Win-win-Situationen herzustellen. Mitarbeiter werden ernst genommen und leisten mehr. Führungskräfte können sich auf ihre Kernaufgaben konzentrieren – das Führen und die Weiterentwicklung von Menschen. Die Produktivität der Teams, der Belegschaft und des Unternehmens insgesamt steigt.

> **Fazit: Die Kernbotschaften des sechsten Kapitels**
>
> - Shop-Floor-Manager müssen sich das Rüstzeug aneignen, um den Spagat zu meistern, der sich aus ihrer Doppelrolle als Führungskraft und Kollege ergibt.
> - Der Shop-Floor-Manager verschafft sich Anerkennung, indem er vertrauensbildende Maßnahmen ergreift und durch Führungskompetenz überzeugt.
> - Dazu benötigt er ein Führungs-Know-how, in dessen Mittelpunkt der situative Führungsstil, die kommunikativen Kompetenzen und die Fähigkeit zum wertschätzenden Dialog stehen.
> - Mit Alltags-Coaching gelingt es dem Shop-Floor-Manager, die Mitarbeiter bei der Lösung ihrer Tagesprobleme zu unterstützen und zugleich ihre Eigeninitiative zu fördern.

7.
Ohne Ziele kein erfolgreiches Shop-Floor-Management: Mitarbeiter zielorientiert führen

> **Was Sie in diesem Kapitel erfahren**
>
> - Sie erfahren, warum die Arbeit mit gut formulierten Zielen und klaren Kennzahlen ein entscheidendes Führungsinstrument auch im Shop-Floor-Management ist.
> - Wir beschreiben sieben Regeln, die Ihnen helfen, motivierende Zielvereinbarungen zu treffen und in Ihrem Verantwortungsbereich eine Zielvereinbarungskultur zu etablieren.
> - Wir erläutern die Konsequenzen der Zielvereinbarungskultur für das Zielvereinbarungsgespräch im Shop-Floor-Management.
> - Sie lernen eine Methode kennen, mit der Sie proaktiv Hindernisse aus dem Weg räumen, die die Zielerreichung gefährden könnten.

7.1 Zielvereinbarungen – das Leuchtturm-Prinzip

„Wer nicht weiß, in welchen Hafen er segeln will, für den ist kein Wind der richtige", so bereits der Philosoph Seneca vor fast 2.000 Jahren. Ziele sind die Wegweiser zum Erfolg – das gehört zum Standardwissen einer jeden Führungskraft. Wie Leuchttürme weisen Ziele den Weg in den Zielhafen, geben Orientierung und sorgen dafür, dass Ziele auch tatsächlich realisiert werden.

Und auch der Shop-Floor-Manager muss sich damit beschäftigen, wie er seine Mitarbeiter mit klaren Zielvereinbarungen unterstützt, Unternehmensziele zu erreichen.

Zum Thema Ziele gibt es eine schier unendliche Masse an Literatur. Im Folgenden konzentrieren wir uns auf die Aspekte, die für das Shop-Floor-Management und die spezifische Situation in der Produktionshalle von elementarer Bedeutung sind.

Zielvereinbarungspolitik aus einem Guss

Zielvereinbarungen dürfen nie im luftleeren Raum getroffen werden. Was heißt das? Werner Siegert hat in seinem Buch *Ohne Ziele keine Treffer: Ziele – Wegweiser zum Erfolg* Schritt für Schritt dargelegt, wie das Management eines Unternehmens eine bereichs- und abteilungsübergreifende Unternehmenszielsetzung ausformuliert. Daraus werden schließlich die Bereichsziele, die Abteilungsziele und dann die Mitarbeiterziele abgeleitet. Diese konsequente Zielvereinbarungspolitik garantiert, dass sich an den Arbeitsplätzen die umfassende Unternehmenszielsetzung widerspiegelt. Die Mitarbeiterziele stehen mithin in einem direkten Bezug zur Unternehmenszielsetzung. Das gesamte Unternehmen atmet den Geist konsequenter Zielvereinbarungen.

Für das Shop-Floor-Management heißt das: Es nutzt wenig, wenn der Shop-Floor-Manager „irgendwelche" Ziele festlegt. Er ist darauf angewiesen, an einer klaren Unternehmenszielsetzung anknüpfen zu können, um schließlich, bezogen auf seinen individuellen Bereich, Ziele auch für jedes einzelne Teammitglied festzuschreiben.

> **Merke**
>
> Der Shop-Floor-Manager sollte bei der Formulierung seiner Ziele die Vorgaben, die von der Geschäftsleitung für seinen Verantwortungsbereich formuliert worden sind, in kleine, überschaubare Zielpakete für die Mitarbeiter herunterbrechen.

Die Zielpyramide in Abbildung 11 auf der folgenden Seite zeigt den gesamten Prozess, der zu jener das gesamte Unternehmen durchziehenden Zielvereinbarungskultur führt.

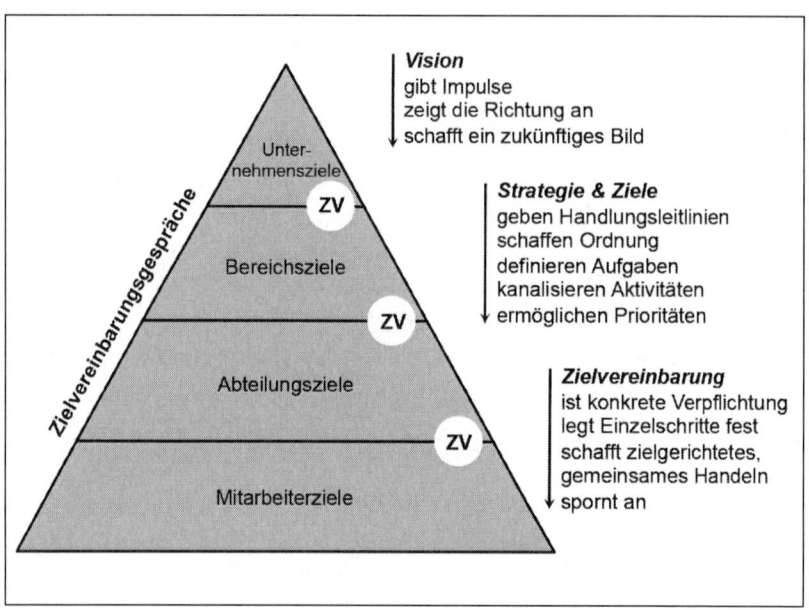

Abbildung 11: Zielpyramide

7.2 Sieben Regeln für motivierende Zielvereinbarungen vor Ort in der Produktionshalle

Ist der Zusammenhang zwischen Unternehmenszielen und Mitarbeiterzielen gewährleistet, kann der Shop-Floor-Manager an die Arbeit gehen. Damit die Ziele den Mitarbeiter auch wirklich motivieren, sie zu verwirklichen, sollte er bei der Formulierung der Ziele einige Regeln beachten.

Regel 1: Ziele vereinbaren

Die Wertschätzung der Mitarbeiter durch den Shop-Floor-Manager erweist sich darin, dass er mit ihnen die Ziele bespricht und auch diskutiert. Noch einmal: Den Rahmen geben die Unternehmensziele vor – daran muss sich der Shop-Floor-Manager halten. Aber innerhalb dieses Rahmens genießt er die Freiheit, Ziele und Kennzahlen mit dem Mitarbeiter zu vereinbaren.

Die Betonung liegt auf „vereinbaren" – es geht nicht darum, Ziele stets vorzugeben, sie dem Mitarbeiter vorzusetzen oder gar aufzuzwingen. Bei Zielvorgaben gibt es bei den Mitarbeitern keinen Spielraum zur Diskussion, sie entsprechen einer Arbeitsanweisung. Natürlich: Es wird immer wieder Situationen geben, in denen der Shop-Floor-Manager mit Anweisungen arbeitet. Und auch bei dem einen oder anderen Mitarbeiter wird es sich nicht vermeiden lassen, Ziele vorzugeben. Grundsätzlich jedoch prüft der Shop-Floor-Manager, ob es nicht möglich ist, Ziele gemeinsam mit dem Mitarbeiter zu vereinbaren.

Bei der Zielvereinbarung diskutieren Mitarbeiter und Shop-Floor-Manager über das Ziel und entscheiden sich erst dann für eine gemeinsame Zielsetzung, wenn beide Partner von der gewählten Zielsetzung überzeugt sind.

Der Vorteil: Zielvereinbarungen, an denen der Mitarbeiter mitgearbeitet hat, wirken motivierender als aufgezwungene Zielvorgaben, mit denen sich der Mitarbeiter nicht identifiziert.

Regel 2: Ziele mit Sinn vereinbaren – das „persönliche Warum"

„Ziele mit Sinn" – die Regel hat mehrere Dimensionen. Zum einen sollten sich die Zielvereinbarungen nicht in der Ausformulierung eines reinen Zahlenwerkes erschöpfen, obgleich bei der Festlegung von Kennzahlen auch dies notwendig ist.

Des Weiteren gilt: Ziele wirken motivierender, wenn durch sie Sinn für die eigene Arbeit transportiert wird. Konkret: Die Diskussion über die Ziele verhilft den Teammitgliedern dazu, zu verstehen, welche Leistungen und Anforderungen an das Team gesetzt werden und welchen Beitrag diese Ziele für die Weiterentwicklung des Unternehmens haben.

Die Ziele sind für den Mitarbeiter vor allem dann sinnvoll, wenn er ihre Bedeutung für das Unternehmen, für seinen Bereich und sich selbst einordnen kann, wenn sich ihm die Bedeutung eines Ziels auch für seine eigene berufliche und persönliche Weiterentwicklung erschließt.

> **Merke**
>
> Der Mensch interessiert sich nicht nur für das „Was" und „Wie", sondern vor allem für das „Warum" – seines Lebens, seiner Handlungen, seiner beruflichen Tätigkeit. Dies sollte der Shop-Floor-Manager bei den Zielvereinbarungen mit seinen Mitarbeitern beachten.

Regel 3: Leistungsziele in Gesamtzusammenhang einbetten

„Sinnvolle Ziele" bedeutet auch, nicht nur Leistungsziele festzulegen. Dies sind Ziele, die an Kennzahlen gemessen werden können oder die zu einem gewissen Zeitpunkt erfüllt sein müssen. Persönliche Entwicklungsziele hingegen betreffen die Entwicklung der eigenen Potenziale.

Ein Beispiel verdeutlicht, wie der Shop-Floor-Manager bei den Leistungszielen vorgehen sollte: Ein Mitarbeiter ist zuständig für einen Maschinenpark. Im jährlichen Mitarbeitergespräch vereinbart er mit dem Shop-Floor-Manager das Leistungsziel, die Gesamtanlageneffektivität von 84 Prozent auf 87 Prozent zu steigern. Zugleich verständigen sie sich darauf, die Ausschussquote an der Maschine von 1,6 auf 1,5 Prozent zu reduzieren.

Im Gespräch ordnen sie diese Zahlen in die Unternehmenspolitik und Firmenzielsetzung ein. Die Kennzahlenveränderungen dienen dazu, die Produktivität und die Kundenzufriedenheit zu erhöhen: Die niedrigere Ausschussquote führt dazu, Kunden schneller beliefern zu können. Und letztendlich hilft die Verwirklichung der Leistungsziele, das Überleben der Firma in einem schwierigen Markt zu sichern.

Hinzu kommt: Der Shop-Floor-Manager sagt dem Mitarbeiter seine Unterstützung zu, die Ziele zu erreichen. Gemeinsam entwickeln sie Ideen zur Erreichung der Ziele. Regelmäßige Wartung und die genaue Beobachtung der Stillstände können hilfreiche Aktionen sein, um die Anlagenverfügbarkeit zu erhöhen.

In regelmäßigen Meetings über das Jahr hinweg beobachten Mitarbeiter und Shop-Floor-Manager die Entwicklung der Kennzahlen und nehmen einen Soll-Ist-Vergleich vor. Gerade die Kennzahlen helfen bei der Überprüfung, ob der Mitarbeiter auf dem Weg zur Zielerreichung vorankommt oder nicht. Im Falle einer gegenläufigen Entwicklung analysieren sie die Ursachen und leiten Maßnahmen ein, um die Entwicklung wieder in die angestrebte Richtung zu lenken.

Regel 4: Persönliche Entwicklungsziele mit Coaching unterstützen

Die persönlichen Entwicklungsziele spielen bezüglich der wertschätzenden Führung eine besondere Rolle. Denn der Shop-Floor-Manager will ja verdeutlichen, dass ihm auch die persönliche Weiterentwicklung der Mitarbeiter am Herzen liegt. Also vereinbart er im jährlichen Mitarbeitergespräch gemeinsam mit dem Mitarbeiter beispielsweise das Ziel, dessen Konflikt- und Kritikfähigkeit zu verbessern. Der Mitarbeiter soll zunächst einmal an seiner Fähigkeit arbeiten, Konflikte zu erkennen und zu thematisieren. Zudem soll er zu einer sachlichen und konstruktiven Lösung beitragen.

Aktuell beobachtet der Shop-Floor-Manager: Der Mitarbeiter geht Konflikten eher aus dem Weg und reagiert bei Kritik mit schnellen Rechtfertigungen und mit Abwehr.

Bereits im Mitarbeitergespräch nimmt der Shop-Floor-Manager die coachende Haltung ein und erarbeitet gemeinsam mit dem Mitarbeiter Verhaltensweisen für Kritiksituationen. Der Mitarbeiter unterbreitet von sich aus den Vorschlag, dass er daran arbeiten wird, sich Kritik erst einmal in Ruhe anzuhören und erst dann darauf zu reagieren, wenn er sich etwas Zeit genommen hat, um sich über die geäußerte Kritik Gedanken zu machen.

So gewinnt er Abstand zu der Situation, kann sie aus der Helikopter-Perspektive reflektieren und sein Verhalten vielleicht verändern. Der Shop-Floor-Manager unterstützt ihn dabei mit den Instrumenten des Alltags-Coachings.

Regel 5: Ziele mit Aktivitäten verknüpfen

Es klang bei Regel 3 und 4 bereits an: Es hilft dem Mitarbeiter, wenn die Zielvereinbarungen mit konkreten Aktivitäten verknüpft werden, die möglichst messbar, nachprüfbar und individualisierbar sind und mit denen sich der Mitarbeiter einverstanden erklärt.

Darum erstellen Mitarbeiter und Shop-Floor-Manager sowohl für die Leistungsziele als auch für die persönlichen Entwicklungsziele eine Aktivitätenliste mit konkreten Maßnahmen, die zur Zielerreichung führen.

Stopp, liebes Autorenteam, ich habe da mal eine Frage!
Was heißt es konkret, dass der Mitarbeiter sich einverstanden erklärt?
Vielleicht stimmen Sie uns zu: Ein Mitarbeiter, der den mit dem Shop-Floor-Manager vereinbarten Zielen zustimmt und an dem Entscheidungsprozess, welche Ziele vereinbart werden, hautnah beteiligt ist, fühlt sich viel mehr in der Verantwortung als der Kollege, dem Ziele einfach nur vorgegeben werden.

Etwas Ähnliches kenne ich aus der Medizin. Dort gibt es den „Compliance"-Ansatz, durch den die Mitarbeit des Patienten am Behandlungsprozess verstärkt wird: Compliance geht davon aus, dass die therapeutischen Ziele dem Patienten besser nahegebracht werden können, wenn sie aus seiner Sicht und verständlich formuliert sind.

Ja, das Beispiel veranschaulicht das Konzept der Zustimmungssicherheit, das der Shop-Floor-Manager verfolgt, um Ziele zu vereinbaren, mit denen sich der Mitarbeiter identifiziert. Mitbestimmung und Mitbeteiligung an der Zielfestlegung erhöhen die Identifikation mit dem Unternehmen und auch mit der konkreten Tätigkeit in der Produktionshalle. Sie schaffen ein Verantwortungsbewusstsein, das die Motivation, die vereinbarten Ziele zu erreichen, deutlich erhöht.

Regel 6: SMARTe Ziele formulieren

Die aktivitätenbasierte Zielsteuerung trägt zum Engagement des Mitarbeiters bei, weil er nicht schwammig formulierte und in zeitlicher Ferne liegende Ziele verfolgt, sondern klare Teilziele, die auf sein Leistungspotenzial Rücksicht nehmen und in einem überschaubaren Zeitrahmen erreichbar sind.

Damit dies gelingt, formuliert der Shop-Floor-Manager seine Ziele SMART:

S	Spezifisch
M	Messbar
A	Akzeptiert
R	Realistisch
T	Terminiert

Abbildung 12: SMARTe Ziele

Aufgabe des Shop-Floor-Managers ist es, bei der Zielformulierung darauf zu achten, dass sie mitarbeiterspezifisch, also individuell auf den jeweiligen Mitarbeiter bezogen formuliert sind. Ihre Messbarkeit und Verknüpfung mit einer Kennzahl trägt dazu bei, vom Mitarbeiter die angesprochene Akzeptanz zu erhalten, weil er nun genau einschätzen kann, worauf er sich einlässt und wozu er seine Zustimmung gibt. Zudem dürfen die Ziele den Mitarbeiter weder über- noch unterfordern. Hilfreich für die Beteiligten ist es überdies, wenn die Zielvereinbarungen mit einem verbindlichen Zeitplan unterlegt werden.

Regel 7: Ziele mit dem Dreieck „Können – Wollen – Dürfen" in Einklang bringen

Der Shop-Floor-Manager sollte Ziele stets mit dem Leistungspotenzial eines Mitarbeiters in einen Zusammenhang stellen. Die Leistungsfähigkeit eines Mitarbeiters ist das Produkt aus „Können", „Wollen" und „Dürfen":

- „Können" bedeutet, dass der Mitarbeiter über die erforderlichen Qualifikationen verfügt, um seinen Arbeitsprozess sicher zu beherrschen.
- „Wollen" heißt, dass der Mitarbeiter seine Fähigkeiten mit persönlichem Engagement einbringt.
- „Dürfen" bedeutet, dass der Mitarbeiter von seiner Führungskraft die Berechtigung erhält, sein Können und sein Engagement auch tatsächlich einbringen zu können. Der Shop-Floor-Manager sollte dem Mitarbeiter zutrauen, dass dieser sein Leistungspotenzial ausschöpfen kann und will.

Die optimale Leistung (das Tun) eines Mitarbeiters ergibt sich erst, wenn er kann, will und darf. Die Erfahrung aus vielen Unternehmen zeigt, dass vor allem die Mitarbeiter, die „Können", „Wollen" und „Dürfen", aktiv und effizient Verbesserungen bewirken. Der Shop-Floor-Manager als Vor-Ort-Führungskraft hat durch den direkten Kontakt zum Team die Möglichkeit, individuelle Leistungspotenziale bei den Mitarbeitern zu erkennen und entsprechend zu fordern und zu fördern.

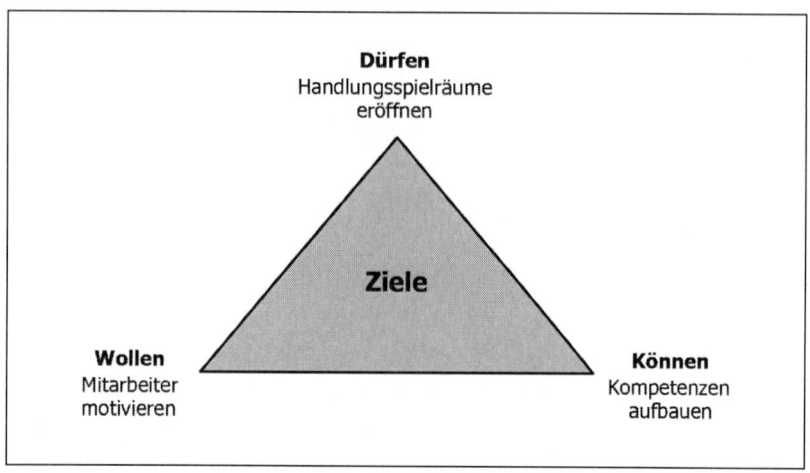

Abbildung 13: Können – Wollen – Dürfen

Mitarbeiter, die „Können", „Wollen" und „Dürfen",
- übernehmen Verantwortung: Sie weisen auf Fehler und Probleme hin, schieben Fehler nicht auf andere, schauen auch über die Bereichsgrenzen hinweg und halten ihren Arbeitsplatz sauber und in Ordnung.
- organisieren sich selbst: Sie nutzen ihre Arbeitszeit effizient, vermeiden Verschwendung und sprechen sich mit den Kollegen ab.
- lösen Probleme und Konflikte selbstständig: Sie erkennen Probleme und Konflikte, sprechen sie bei ihren Kollegen und Führungskräften an und stellen sie dauerhaft ab.
- arbeiten aktiv an Verbesserungen: Sie erkennen Verbesserungspotenziale, erarbeiten Verbesserungsvorschläge und setzen sie um.
- handeln unternehmerisch: Sie erkennen Möglichkeiten, Kosten in ihrem Arbeitsbereich zu sparen und nutzen diese konsequent.

7.3 Konsequenzen für das Zielvereinbarungsgespräch

Unsere Erfahrung bei der Einführung des Shop-Floor-Managements zeigt: Je konsequenter der Shop-Floor-Manager in der Lage ist, „in Zielen zu denken" und jene Regeln bei den Zielformulierungen zu beachten, desto eher gelingt der Zielerreichungsprozess, der in Abbildung 14 zusammengefasst wird.

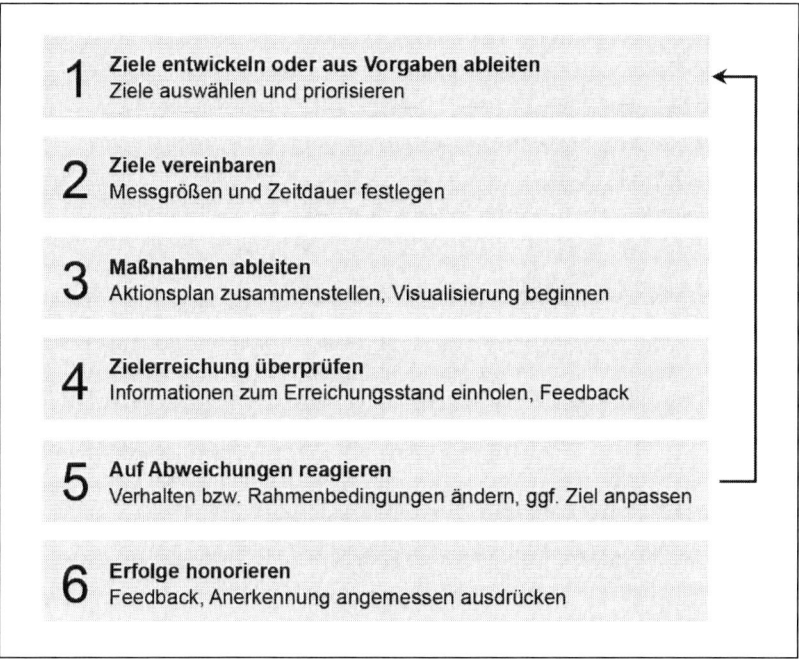

Abbildung 14: Der ideale Ablauf eines Zielerreichungsprozesses

Aber „grau ist alle Theorie, und grün des Lebens goldner Baum": Welche konkreten Konsequenzen hat die dargestellte Zielorientierung für das Zielvereinbarungsgespräch, das der Shop-Floor-Manager mit seinen Mitarbeitern führt?

Konstruktive Gespräche anstreben

Der folgende beispielhafte Ablauf ist denkbar: Bei der Gesprächseröffnung sorgt der Shop-Floor-Manager für eine angenehme Gesprächsatmosphäre und verdeutlicht den Zusammenhang zwischen den Zielvereinbarungen und den Unternehmenszielen. Eine mögliche Formulierung ist: „Als verantwortliche Führungskraft habe ich die Aufgabe, Sie bei Ihrer Leistungserbringung zu unterstützen. Unser Ziel heute ist, gemeinsame Zielvereinbarungen zu treffen, um Ihre Gesamtleistung im Sinne des Unternehmens nachhaltig zu verbessern. Dabei sollen aber auch Ihre Vorstellungen einfließen."

Der Mitarbeiter hat dann das erste Wort und beschreibt das vergangene Quartal – oder den Zeitraum, der seit dem letzten Zielvereinbarungsgespräch vergangen ist – aus seiner Sicht. Der Shop-Floor-Manager erkennt ausdrücklich die guten Leistungen des Mitarbeiters an, die dieser tatsächlich erbracht hat, und belegt auf diese Art und Weise seine Wertschätzung.

In dieser Phase entwickelt sich das Zielvereinbarungsgespräch oft zu einem Beurteilungsgespräch. Der Mitarbeiter will wissen, wo er steht – und der Shop-Floor-Manager muss nun darauf achten, insbesondere die kritikwürdigen Aspekte der Mitarbeiterleistung zielführend und konstruktiv darzustellen, damit das Selbstwertgefühl des Mitarbeiters nicht verletzt wird.

Klar ist: Wenn ein Mitarbeitergespräch in ruhigen und geordneten Bahnen verläuft, ist es relativ einfach, ein produktives Feedback zu geben und Ziele zu vereinbaren. Schwieriger wird es, sobald kritische Gesprächsinhalte zur Sprache kommen – etwa, wenn der Shop-Floor-Manager den Mitarbeiter kritisiert. Entscheidend ist: Der Shop-Floor-Manager spricht nie die Identitätsebene an, sondern immer nur die Verhaltensebene. Das heißt: Er belegt die kritikwürdigen Aspekte mit Beispielen aus dem tätigkeitsbezogenen Verhalten des Mitarbeiters.

Mit anderen Worten: Der Shop-Floor-Manager thematisiert unter Verwendung belegbarer Tatschen die verbesserungswürdigen Aspekte. Er fragt den Mitarbeiter nach den Gründen der Nichterreichung. Zudem soll der Mitarbeiter von sich aus Ideen entwickeln und äußern, was er zur Leistungsverbesserung beitragen kann.

Stopp, liebes Autorenteam, ich habe da mal eine Frage!
Können Sie dafür eine beispielhafte Formulierung nennen?
Unser Vorschlag ist: „Schauen Sie mal diese Statistik an: Sie konnten die Ausschussquote nicht verringern. Woran liegt das Ihrer Meinung nach? Und wie gelingt es, dies in Zukunft zu ändern und die Quote doch noch zu verringern?" Mitarbeiter und Shop-Floor-Manager reiten also nicht lange auf der Vergangenheit herum, sondern gehen relativ rasch zur konstruktiven Problemlösung über. Dies gelingt, indem sie gemeinsam und im Konsens nach Maßnahmen und Aktivitäten forschen, die zur Verbesserung der Situation beitragen. Der große Vorteil dabei: Verhaltensänderungen, die von außen angestoßen oder gar erzwungen werden, entfalten bei weitem nicht die Wirkung, die entsteht, wenn der Mitarbeiter sie aus eigener Einsicht initiiert.

Bei kritischem Feedback Ich-Botschaften verwenden

Wenn es um persönliche Entwicklungsziele geht, die nicht erreicht werden konnten, kommt hinzu: Der Shop-Floor-Manager verwendet keine Sie-Botschaften, die immer auch als Angriff verstanden werden können, etwa: „Sie haben es nicht geschafft …"

Die Sie-Botschaft ist zumeist kritisierender und belehrender Natur und führt zu Angriffen, Beschimpfungen, Konfrontationen und Rechtfertigungen, die die Beziehungsebene eintrüben und einer Versachlichung des Gesprächs entgegenwirken.

Besser ist es, mit Ich-Botschaften zu arbeiten. Mit ihnen bringt der Shop-Floor-Manager seine Sicht und seine persönliche Meinung zum Ausdruck, ohne den Gesprächspartner zu verletzen. Ich-Botschaften sind deshalb vor allem in Gesprächen nützlich, in denen es um die Beziehungsebene geht, um Gefühle und Emotionen.

Konkret: Die Sie-Botschaft: „Herr Mitarbeiter, Sie haben zu der Verzögerung ganz entscheidend beigetragen", löst beim Mitarbeiter andere – und wenig zielführende – Reaktionen aus als die konstruktive Ich-Botschaft: „Ich habe mir einmal überlegt, inwiefern auch Ihr Verhalten zu der Verzögerung beigetragen hat."

Proaktive Lösungen finden

Nachdem Mitarbeiter und Shop-Floor-Manager die Leistungen des Mitarbeiters diskutiert haben, werden die neuen Ziele vereinbart. Dabei verständigen sich die Gesprächspartner auf Aktivitäten, die zur Zielerreichung führen – der Mitarbeiter formuliert die Zielvereinbarungen aus seiner Sicht, stimmt ihnen also ausdrücklich zu:

- „Damit die Ausschussquote reduziert wird, werde ich bis zum ..."
- „Damit ich mit Kritik besser umgehen kann, werde ich ..."

Die Aktivitäten sollten so genau („Sollwerte") wie möglich formuliert und in ein Zeitschema gebracht werden. Zugleich erarbeiten die Gesprächspartner proaktiv Lösungen für mögliche Hindernisse.

Stopp, liebes Autorenteam, ich habe da mal eine Frage!
Was habe ich mir unter den proaktiven Lösungen für mögliche Hindernisse vorzustellen?
Der normale Weg ist: Wenn Ziele nicht erfüllt werden, gehen Shop-Floor-Manager und Mitarbeiter auf Ursachenforschung und legen Abstellmaßnahmen fest. Damit reagieren sie jedoch erst dann, wenn das Kind bereits in den Brunnen gefallen ist. Die Alternative: Der Shop-Floor-Manager unterstützt den Mitarbeiter proaktiv, indem er von vornherein gemeinsam mit dem Mitarbeiter Lösungen für mögliche Hindernisse vereinbart, bevor sie also eingetreten sind.

Bevor sie eingetreten sind? Wie soll das funktionieren?
Nehmen wir an, der Shop-Floor-Manager legt mit einem Vorarbeiter fest, dass er neue Mitarbeiter mindestens eine Stunde lang an einer Maschine einweist. Bereits im Vorfeld bespricht er mit ihm mögliche Hindernisse, die ihn eventuell davon abhalten könnten, die Vereinbarung zu der Einweisungszeit einzuhalten – etwa unerwartete Urlaubsvertretung oder Zeitmangel. Bereits jetzt wird dazu eine Lösung entwickelt, die in der Überlegung bestehen kann, jenen Zeitmangel gar nicht erst eintreten zu lassen.

Ich verstehe. Wenn der Vorarbeiter es nun tatsächlich nicht schafft, jene Einweisungszeit einzuhalten, kann er nicht auf die Begründung verweisen, er habe keine Zeit oder unerwartet die Vertretung eines urlaubenden Kollegen übernehmen müssen.
Richtig. Denn dazu ist ja mit seinem Einverständnis bereits eine Lösung erarbeitet worden. Wenn der Vorarbeiter eine andere Begründung vorbringt, entwickeln sie wiederum eine Alternative, die sie in eine konkrete Vereinbarung fassen. So entsteht eine Liste mit Lösungen für Probleme, die sich permanent fortschreibt und erweitert. Der Vorteil: Der Shop-Floor-Manager unterstützt seine Mitarbeiter durch problemlösungsorientierte Vereinbarungen, und dieser kann sich nicht mehr „herausreden" – das soll ja vorkommen –, wenn er eine Vereinbarung wegen eines Grundes nicht einhält, für den bereits eine Lösung existiert.

Zielerreichung überprüfen

Des Weiteren legen der Shop-Floor-Manager und der Mitarbeiter in dem Zielvereinbarungsgespräch fest, inwiefern sie die Zielerreichung überprüfen. Wie bereits gesagt: Es soll nicht der Eindruck entstehen, das Ziele-Controlling diene allein der Kontrolle. Der Shop-Floor-Manager verdeutlicht, dass das Controlling helfen soll, Verbesserungspotenziale aufzuspüren und zu nutzen.

Für den Shop-Floor-Manager eignet sich die direkte Kontrolle von Zielen beispielsweise über täglich generierte Kennzahlen. Schwanken bekannte Kennzahlen wie Produktivität oder Qualität, kann er dies im direkten Gespräch mit den Mitarbeitern besprechen und mit ihnen Ursachen und Optimierungsideen finden. Voraussetzung für die Arbeit mit Kennzahlen ist, dass er über bereichsspezifische Kennzahlen verfügt, die von den Mitarbeitern akzeptiert werden.

In diesem Zusammenhang zeigt der Shop-Floor-Manager überdies die Konsequenzen für den Fall auf, dass die Vereinbarungen nicht eingehalten werden können. Ganz wichtig ist: Er bietet seine Unterstützung an, damit der Mitarbeiter die Vereinbarung doch noch verwirklichen kann.

Die Abbildung 15 zeigt, wie der Shop-Floor-Manager die Zielerreichung ständig controllen kann.

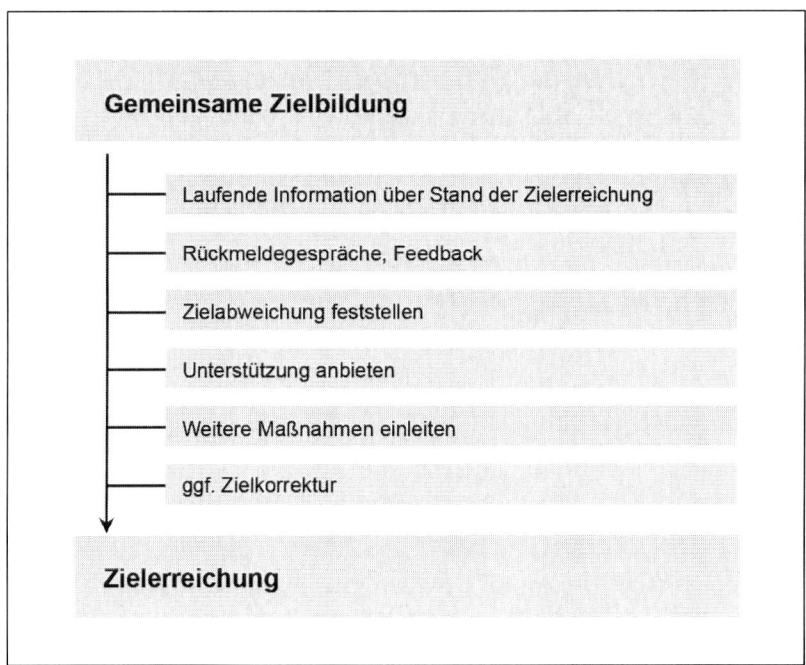

Abbildung 15: Zielerreichung controllen

Zum Schluss des Zielvereinbarungsgesprächs holt der Shop-Floor-Manager nochmals die Zustimmung oder das Ja-Wort des Mitarbeiters zu den vereinbarten Zielen und Aktivitäten sowie dem festgelegten Zeitplan ein.

> **Fazit: Die Kernbotschaften des siebten Kapitels**
>
> - Erfolgreiches Shop-Floor-Management braucht eine Zielvereinbarungskultur, die alle Bereiche des Unternehmens durchdringt – auch die Arbeit des Shop-Floor-Managers vor Ort in der Produktionshalle.
> - Führung vor Ort ohne klare Zielvereinbarungen ist nicht denkbar. Sie trägt zur Effektivitätssteigerung und zur Mitarbeitermotivation gleichermaßen bei.
> - Der Shop-Floor-Manager leistet seinen Beitrag, indem er bei der Ausformulierung der Zielvereinbarungen bestimmte Regeln beachtet.
> - Die Leistungsziele und die persönlichen Entwicklungsziele finden Eingang in ein strukturiertes Zielvereinbarungsgespräch, das der Shop-Floor-Manager mit jedem seiner Mitarbeiter führt. Dabei holt er die Zustimmung der Mitarbeiter ein: Diese sagen „Ja" zu den vereinbarten Zielen.
> - Der Shop-Floor-Manager unterstützt die Mitarbeiter bei der Zielerreichung, zum Beispiel durch die proaktive Erarbeitung von Lösungen für Probleme, die bei der Zielerreichung auftreten können.

8.
Der Shop-Floor-Manager als Konfliktlöser: Konfliktlösekompetenz aufbauen

> **Was Sie in diesem Kapitel erfahren**
>
> - Sie erfahren, wie Sie Konflikte in Ihrem Verantwortungsbereich in der Produktionshalle frühzeitig erkennen, identifizieren und konstruktiv lösen.
> - Wir erläutern, warum die konstruktive Bearbeitung von Konflikten im Team für das Shop-Floor-Management unabdingbar ist.
> - Ideales Ziel der Konfliktlösung ist der Konsens, der zu Gewinnern auf beiden Seiten führt.
> - Wir stellen anhand einiger Beispiele dar, welche verschiedenen Konfliktsituationen im Shop-Floor-Management entstehen und wie Sie damit umgehen können.

8.1 Konfliktlösekompetenz in der Produktionshalle

Konflikte in der Produktionshalle, im Team, zwischen Teammitgliedern, zwischen Mitarbeitern und Führungskraft, Konflikte mit der übergeordneten Führungsebene: Konflikte gehören „zum täglich Brot" der Führungskraft, die vor Ort führt. Und darum muss der Shop-Floor-Manager über Konfliktlösekompetenz verfügen.

Stopp, liebes Autorenteam, ich habe da mal eine Frage!
Der Shop-Floor-Manager ist ja zugleich Führungskraft und Kollege im Team ist. Da ist es doch besonders schwierig, Konflikte zu lösen?

Umso wichtiger ist es, als Shop-Floor-Manager Konfliktlösekompetenz zu erwerben. Denn der Nachteil, auch Kollege zu sein, kann in einen Vorteil umgemünzt werden. Der Grund: Zum effektiven Führen von Teams zählen das Erkennen von schwierigen Situationen und Konflikten im Team und der konstruktive Umgang damit. Als Vor-Ort-Führungskraft ist der Shop-Floor-Manager nah dran an den Mitarbeitern. Da er eng mit ihnen zusammenarbeitet, kann niemand besser als er Konflikte frühzeitig wahrnehmen und Hilfestellung zur Lösung geben.

Was passiert, wenn er selbst Teil des Konflikts ist, also als Konfliktpartei auftritt?

Dann sucht er so rasch wie möglich das Gespräch mit den Beteiligten. Ein Beispiel: Wenn es einen Konflikt mit einem Teammitglied gibt, sollte er so rasch wie möglich das klärende Gespräch suchen. Wenn dies nicht ausreicht und der Konflikt auf dieser Ebene nicht gelöst werden kann oder gar zu eskalieren droht, sollte die nächsthöhere Führungsebene mit ins Boot geholt werden. Das gilt übrigens auch für Konflikte, die sehr brisant sind, etwa bei Mobbing oder Alkohol am Arbeitsplatz.

Die innere Einstellung – der Konflikt als Chance

Ein Konflikt muss nicht von vornherein etwas Negatives sein. Er kann durchaus eine Möglichkeit zur Innovation, eine Herausforderung für einen anstehenden Wandel, eine Chance für einen Fortschritt sein. Werden Konflikte bewältigt und können die Beteiligten mit der Konfliktlösung gut leben, gehen die Konfliktparteien mit einem gestärkten Selbstbewusstsein auseinander. Die Folge: Oft etablieren die Konfliktbeteiligten auf einer höheren Qualitätsebene eine bessere Beziehung, weil Dinge endlich ausgesprochen und Unklarheiten beseitigt wurden und das Verhältnis zwischen den Konfliktparteien neu geordnet werden konnte.

> **Merke**
>
> Ein Konflikt zwischen Mitarbeitern liegt immer dann vor, wenn eine Unvereinbarkeit im Denken, Vorstellen, Wahrnehmen, Fühlen, Wollen oder Handeln von zwei oder mehr Parteien existiert, die von mindestens einer der Parteien als störend empfunden wird. Die Verwirklichung der eigenen Ziele, Interessen, Gefühle oder Vorstellungen wird durch die „andere Partei" beeinträchtigt oder gar verhindert.

Problematisch werden Konflikte, wenn nicht angemessen mit ihnen umgegangen wird, sie „unter den Teppich gekehrt" und nicht offen angesprochen werden. Die Folgen für Unternehmen sind gravierend: Ungelöste Konflikte haben die Tendenz, sich zu verschärfen und zu verstärken. Sie entwickeln eine unheilvolle Eigendynamik. Selbst ein zunächst unscheinbarer und im frühen Stadium lösbarer Konflikt wächst sich zu einem fast unlösbaren Konflikt aus. Da in der Produktionshalle im Team gearbeitet wird, kann selbst ein „kleiner" Konflikt zwischen zwei Teammitgliedern verheerende Auswirkungen haben, sobald er auf das Team überzugreifen droht.

Hinzu kommt: Konflikte verursachen Kosten – sie verschlechtern das Betriebs- und Arbeitsklima, führen zu Intrigantentum und Mobbing, zu innerer Kündigung, Demotivation und Produktivitätsverlust. Sie entziehen dem Unternehmen Leistungsenergie, da die Mitarbeiter ihre Energien in die Bewältigung des Konfliktes investieren. Kurz:

> **Merke**
>
> Es ist eine zwingende und dringende Notwendigkeit, als Shop-Floor-Manager Konfliktlösungs-Know-how aufzubauen. Er sollte einen Konflikt als Chance begreifen, Dinge zu klären, die die reibungslose Arbeit im Team behindern.

8.2 Konfliktlösungsstrategie – Schritt 1: Konfliktsymptome frühzeitig erkennen

Die grundlegende Voraussetzung für die Bewältigung eines Konfliktes ist, ihn möglichst früh wahrzunehmen. Für den Shop-Floor-Manager ist es hilfreich, sich in verschiedene Perspektiven hineinzuversetzen, um die beteiligten Konfliktparteien besser verstehen und von einer neutralen Position aus Hilfestellung anbieten zu können.

Ein „Konflikt-Frühwarnsystem" bietet Unterstützung: An bestimmten Anzeichen, die der Shop-Floor-Manager bei den Mitarbeitern und Kollegen wahrnimmt, lässt sich erkennen, dass mit einiger Wahrscheinlichkeit ein Konflikt vorliegt. Darum muss er in seinem Team „die Augen offen halten", um die Signale nicht zu übersehen. Die Abbildung 16 gibt Hinweise, worauf dabei zu achten ist.

Konfliktsignale	Seitengespräche, Mitarbeiter hören sich nicht zu
	Feindseligkeit und Spannungen
	Abfällige Äußerungen
	Schuldzuweisungen und persönliche Angriffe
	Aggressiver Kommunikationsstil
	Schweigen
	Weigerung, Aufgaben zu übernehmen
	Vereinbarungen werden nicht eingehalten
	Killerphrasen und Totschlagargumente
	Mangelnde Kompromissbereitschaft

Abbildung 16: Konfliktsignale erkennen

Den wirklichen Konfliktherd erkennen

Da tuscheln Mitarbeiter hinter vorgehaltener Hand, wenn der Shop-Floor-Manager den Aufenthaltsraum betritt, da verstummt das Gespräch, da werden Informationen nicht weitergeleitet, da wird Dienst nach Vorschrift geleistet. Die gesamte Kommunikationskultur verschlechtert sich. Wenn die Mitarbeiter Fraktionen bilden, die untereinander kaum mehr kommunizieren, ist klar: Hier schwelt ein Konflikt mit sehr negativen Folgen für die Leistungsfähigkeit des Teams und die Mitarbeitermotivation.

Wichtig ist, den wahren Konfliktherd" zu erkennen – dazu ein Beispiel: Ein junges Teammitglied greift einen älteren Kollegen immer wieder verbal an. Dieser genießt aufgrund seiner Dienstjahre eine herausgehobene Stellung im Team und äußert sich deshalb in Teambesprechungen auch zur Qualitätsorientierung. Selbstverständlich setzt sich der ältere Kollege gegen die verbalen Angriffe des jungen Kollegen zur Wehr. Der Konflikt droht zu eskalieren, weil beide Parteien schon „Anhänger" gewonnen haben.

Der Shop-Floor-Manager, der den jüngeren Kollegen zunächst für sein Verhalten in die Schranken weisen wollte, findet im Dialog heraus: Der Grund für die verbalen Angriffe ist, dass sich der jüngere Kollege wegen einer Zusatzausbildung im Bereich Qualitätsmanagement für kompetenter hält und meint, der ältere und erfahrenere Kollege könne diesen Ausbildungsvorsprung durch seine Erfahrung keineswegs wettmachen. Vielmehr wünscht der junge Kollege, aufgrund der Zusatzqualifikation mehr Verantwortung zu erhalten. Doch das kommuniziert er nicht – ganz im Gegensatz zu seinen verbalen Angriffen.

Der eigentliche Grund für den Konflikt ist also keine persönliche Abneigung zwischen den zwei Teammitgliedern. Es handelt sich nicht um einen Beziehungskonflikt, sondern um einen Kompetenzkonflikt. Nachdem der Shop-Floor-Manager dies erkannt hat, kann er in einem Sechsaugengespräch die Fronten klären und sowohl den jüngeren Kollegen als auch das erfahrene Teammitglied als „Wortführer" für das Thema Qualitätsmanagement einsetzen. Er bringt die Kontrahenten an einen Tisch und versucht, eine einvernehmliche Lösung zu finden, bei der beide Parteien ihre Interessen gewahrt sehen.

Der Konsens lautet: Wissen und Erfahrung können sich wunderbar ergänzen!

8.3 Schritt 2: Konflikt im Gespräch genau analysieren

Das Beispiel zeigt: Die meisten Konflikte basieren auf einem Kommunikationsproblem. Statt das Problem offen anzusprechen, flüchtet der jüngere Kollege in persönliche Angriffe. Aufgabe des Shop-Floor-Managers ist es, dies zu erkennen. Nach der Wahrnehmung der Konfliktsignale muss er den Konflikt einordnen und die Konfliktart feststellen. Zudem versucht er, einen Konsens zwischen den Konfliktparteien herzustellen.

Wie gelingt es, sich ein detailliertes Bild über den konkreten Konfliktfall zu verschaffen? Dazu führt der Shop-Floor-Manager Gespräche, in denen er die Konfliktparteien dazu bewegt, sich mit dem Konflikt auseinanderzusetzen. Oft kommt es bereits im Rahmen dieser Gespräche aufseiten der Konfliktparteien zu einer veränderten Sichtweise und zum Einlenken in dem Konfliktfall.

Es ist wichtig, dass sich der Shop-Floor-Manager auf diese Gespräche vorbereitet. Die Leitfragen in Abbildung 17 helfen ihm dabei.

Aspekt Mensch	Wer sind die Konfliktparteien?
	Wer sind die Schlüsselpersonen (Meinungsführer)?
	Wer hält zusammen, wer grenzt sich ab?
	Wer ist indirekt betroffen?
Aspekt Sache	Worüber streiten sich die Parteien?
	Handelt es sich um sachliche oder zwischenmenschliche Gründe?
	Welches Problem liegt dem Konflikt zugrunde?
	Ist es ein Konflikt oder mehrere ineinander verflochtene Konflikte?
	Welche Konfliktpunkte werden von welcher Partei vorgebracht?
	Bestehen Unterschiede in der Wahrnehmung der Streitpunkte?

Aspekt Verlauf	Seit wann besteht der Konflikt? Welche Vorgeschichte hat er? Was erleben die Parteien als Auslöser des Konfliktes? Hat sich der Konflikt verstärkt? Wenn ja, wie oder wodurch?
Aspekt Beziehung	In welcher Rollenkonstellation stehen die Parteien zueinander? Wie gehen die Beteiligten miteinander um? Auf welche Weise spricht eine Partei über die andere? Wie ist der emotionale Zustand der Konfliktparteien?

Abbildung 17: Leitfragen zur Konfliktanalyse

8.4 Schritt 3: Konfliktart feststellen

Die Fragen und deren Beantwortung im Gespräch mit den Konfliktbeteiligten helfen dem Shop-Floor-Manager, eine bessere Übersicht zur Konfliktsituation zu gewinnen, um schließlich den Konflikt einer Konfliktart (siehe dazu Abbildung 18) zuzuordnen.

Der Shop-Floor-Manager prüft: Handelt es sich um einen Konflikt zwischen einzelnen Personen oder zwischen Gruppen? Liegt ein Beziehungskonflikt vor, der daher rührt, dass sich die Konfliktbeteiligten nicht leiden können? Oder ist es ein Beurteilungskonflikt, der entbrennt, weil zwei Mitarbeiter das gleiche Ziel verfolgen, aber bezüglich der Zielerreichung unterschiedlicher Auffassung sind?

Verteilungskonflikte entstehen aus negativen Gefühlen heraus, und Kompetenzkonflikte, wenn Mitarbeiter ihren Zuständigkeitsbereich falsch interpretieren. Ein Zielkonflikt droht, sobald zwei Parteien konkurrierende Absichten verfolgen. Allerdings: Konflikte lassen sich selten nur einem Typ zuordnen. Im Gegenteil: Konflikte haben meist mehrere und miteinander vernetzte Ursachen.

Interpersonelle Konflikte	Individualkonflikte: Zwei Mitarbeiter stehen sich als Konfliktparteien gegenüber. Individual-/Gruppenkonflikt: Eine Einzelperson und eine Gruppe stehen sich als Konfliktparteien gegenüber. Gruppenkonflikt: Es haben sich innerhalb der Mitarbeiter zwei Fraktionen gebildet.
Beziehungskonflikte	entstehen, wenn sich die Konfliktbeteiligten „nicht riechen können". Beispiel: Der Ordnung liebende Mitarbeiter und das chaotische Teammitglied finden aufgrund ihrer unterschiedlichen Verhaltensmuster nicht zusammen.
Beurteilungskonflikte	entbrennen, wenn einer Konfliktpartei nicht genügend Informationen zur Verfügung stehen oder wenn zwei Konfliktparteien dasselbe Ziel verfolgen, jedoch bezüglich der Strategien zur Zielerreichung unterschiedlicher Auffassung sind.
Rollenkonflikte	in jeder Gruppe gibt es eine Rollenverteilung, in der die Mitglieder bestimmte typische Rollen übernehmen. So gibt es häufig einen informellen „Leiter", einen „Spaßmacher" oder einen „Außenseiter". Aus dieser Rollenverteilung heraus können Konflikte in der Gruppe entstehen, insbesondere wenn ein einzelner sich nicht gemäß der ihm bestimmten Rolle verhält.
Verteilungskonflikte	entstehen aus Neid oder Missgunst. Beispiel: Ein Mitarbeiter ist neidisch auf einen Kollegen, weil dieser seiner Meinung nach mehr Privilegien genießt.
Kompetenzkonflikte	liegen vor, wenn ein Mitarbeiter durch eine falsche Interpretation seines Verantwortungsbereiches seine Kompetenzen überschreitet.
Zielkonflikte	drohen, wenn Parteien konkurrierende Absichten und Ziele verfolgen: Zwei Mitarbeiter hoffen auf die Erweiterung ihres Verantwortungsbereiches – aber bei nur einem ist dies möglich.

Abbildung 18: Konfliktart feststellen

8.5 Schritt 4: Konsens herstellen

Wenn der Shop-Floor-Manager über eine unzureichende Konfliktlösekompetenz verfügt, kommt es zum destruktiven Umgang mit Konflikten. Dazu zählt die Flucht vor dem Konflikt ebenso wie ständiges Nachgeben oder Durchsetzen. Die Abbildung 19 zeigt die unterschiedlichen Umgangsformen mit konfliktgeladenen Situationen.

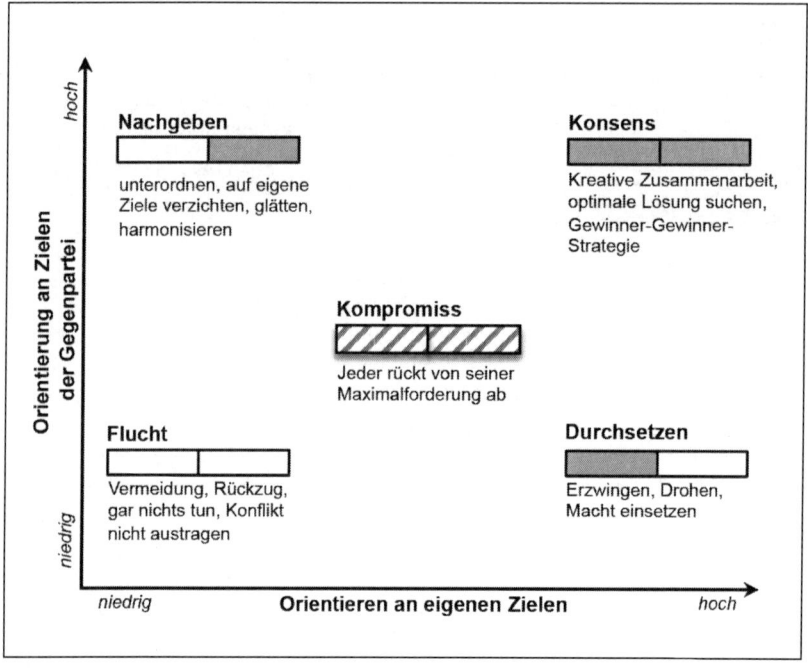

Abbildung 19: Konfliktlösungsstrategien

Der Königsweg zur Konfliktlösung aus unserer Sicht ist der Konsens. Mit ihm strebt der Shop-Floor-Manager einen Interessenausgleich an. Ziel ist, den Konflikt auf eine einvernehmliche Art und Weise zu lösen und eine Gewinner-Gewinner-Situation herzustellen. Das gelingt natürlich nicht immer, sollte aber das Ziel des Shop-Floor-Managers sein und bleiben.

Grundlage dabei ist die kooperative Konfliktlösung, die auf dem Harvard-Konzept des sachbezogenen Verhandelns basiert.

Stopp, liebes Autorenteam, ich habe da mal eine Frage!
Ist denn der Kompromiss nicht auch eine geeignete Konfliktlösestrategie?
Der Kompromiss wird unserer Meinung nach meistens mit Recht als fauler Kompromiss bezeichnet, er ist kein geeigneter Lösungsweg. Denn er trägt den Keim der nächsten Auseinandersetzung schon in sich. Wenn der einvernehmliche Konsens nicht möglich ist, ist es sogar besser, den Dissens auszuhalten, statt um jeden Preis einen Kompromiss zu finden. Der Konsens ist die einzige Konfliktlösung, die nachhaltig wirkt und die Wahrscheinlichkeit der Entstehung neuer Konflikte verringert. Denn diese Konfliktlösung macht die betroffenen Konfliktparteien zu Beteiligten, weil sie an der Lösung aktiv mitarbeiten. Zudem wächst die Wahrscheinlichkeit, dass nicht nur der akute Konfliktfall gelöst, sondern auch das Vertrauen zwischen den Konfliktbeteiligten, das bei einem Streit in aller Regel in Mitleidenschaft gezogen wird, wiederhergestellt werden kann.

Interessen und Positionen voneinander unterscheiden

Um zu einem Konsens zu gelangen, muss der Shop-Floor-Manager in der Lage sein, die Interessen zu erkennen, die sich hinter den Positionen und Meinungen der Konfliktparteien verbergen.

Wir erinnern uns: Der Konflikt zwischen dem jüngeren und dem erfahreneren Teammitglied hat dies deutlich gezeigt. Erst als der Shop-Floor-Manager das Interesse des jüngeren Kollegen erkannt hatte, mehr Verantwortung zu übernehmen, konnte er den Konflikt problemlösungsorientiert behandeln.

Der Streitfall veranschaulicht das Prinzip des Interessenausgleichs: Der Shop-Floor-Manager erarbeitet gemeinsam mit den Konfliktparteien Lösungswege. Konflikte lösen heißt, Gespräche zu führen und mit den Konfliktparteien zu kommunizieren. Dazu nutzt der Shop-Floor-Manager Gesprächstechniken wie das aktive Zuhören, das Nachfragen, die Paraphrase und die verschiedenen Fragearten.

> **Merke**
>
> Ziel der Konsensbildung ist es, die vorhandenen Gegensätze möglichst vollständig auszuräumen und zu einer einheitlichen, von allen akzeptierten Lösung zu gelangen. Diese Lösung ist sicherlich die schwierigste und mühsamste, aber auch die dauerhaft erfolgreichste und somit nachhaltigste.

8.6 In verschiedenen Konfliktsituationen differenziert agieren

Der Konsens stellt die ideale Konfliktlösungsstrategie dar. Aber natürlich ist jeder Konflikt anders gelagert. Die folgenden drei Beispiele zeigen, wie verschiedenartig die Konfliktsituationen sind und über welches Reaktionsrepertoire ein Shop-Floor-Manager verfügen sollte.

Konfliktfall 1: Die ausgefallene Maschine – anweisendes Führen und Mitarbeiterentwicklung

Der Shop-Floor-Manager hat die Aufgabe, dafür zu sorgen, dass die vorgegebenen Aufträge in der vorgesehenen Zeit bearbeitet werden. Kommt es zu einer Störung – weil zum Beispiel eine Maschine wegen eines Defekts angehalten werden muss –, steht er in der Pflicht, die Maschine so schnell wie nur irgend möglich wieder instand setzen zu lassen. Schließlich müssen die Aufträge abgearbeitet werden.

Am schnellsten ist dies möglich, wenn er die Mitarbeiter klar anweist, was als Nächstes zu tun ist, da er meist der fachliche Experte ist. Dies steht jedoch im Konflikt zum langfristigen Ziel, die Mitarbeiter zu einer eigenen Problemlösung zu befähigen. Dies würde bedeuten, die Störung gemeinsam mit den Mitarbeitern zu analysieren und Ideen und Vorschläge gemeinsam zu erarbeiten.

Der Shop-Floor-Manager befindet sich mithin in einem Konfliktverhältnis zwischen seiner Pflicht, die Aufträge schnellstmöglich zu bearbeiten, und dem langfristigen Ziel der Mitarbeiterbefähigung.

Eine mögliche Reaktionsweise: Er sorgt mit anweisendem Führen dafür, dass die Maschine rasch wieder einsatzfähig ist und die Aufträge bearbeitet werden können. Danach jedoch erläutert er dem Team gegenüber in einem Meeting, warum er so und nicht anders vorgehen musste. Zudem nutzt er in der Sitzung die Gelegenheit, gemeinsam mit den Teammitgliedern eine nachhaltige Lösung zu finden, die einer Wiederholung der Störung vorbeugt.

Konfliktfall 2: Konflikt zwischen der Zentrale und einem einzelnen Bereich

Die Fertigungsplanung vergibt Fertigungsaufträge für bestimmte Teilbereiche der Produktion, zum Beispiel bezüglich der Montage. Die Mitarbeiter in der Montage erhalten die Fertigungsaufträge und setzen sie um. Bei der Vorbereitung der Montageleistung bemerkt ein Mitarbeiter, dass wichtige Teile fehlen und der Auftrag so nicht bearbeitet werden kann. Er kommuniziert den Sachverhalt an den Shop-Floor-Manager.

Der Shop-Floor-Manager gewinnt nach Prüfung des Sachverhalts den Eindruck, dass die Problematik auf ein Kommunikationsdefizit zwischen zwei Teammitgliedern zurückzuführen ist. Gemeinsam mit den betroffenen Personen analysiert er den Prozess, um eventuelle Schwachstellen zu bearbeiten.

Die große Herausforderung besteht in einer Doppelbelastung: Zum einen muss der Shop-Floor-Manager teamintern an den Schwachstellen arbeiten, andererseits will und muss er die Erwartungen der Zentrale berücksichtigen. In einem Gespräch mit der Fertigungsplanung klärt er ab, wie viel Zeit er hat, um die Problematik auszuräumen. Da ihm genügend Zeit zur Verfügung gestellt wird, kann er im Sinne der beschriebenen Konfliktlösung einen Konsens zwischen den Mitarbeitern herstellen, die für das Kommunikationsdefizit verantwortlich sind.

Im anderen Fall hätte er zu den Instrumentarien des anweisenden Führens greifen müssen.

Stopp, liebes Autorenteam, ich habe da mal eine Frage!
Eine Frage zwischendurch: Wie soll der Shop-Floor-Manager reagieren, wenn ein Konflikt nicht lösbar ist? Muss er dann wiederum die nächsthöhere Führungsebene ansprechen?

Das ist eine Option. Er kann dann aber auch mit klaren Anweisungen arbeiten. Zum Beispiel, weil eine Konfliktpartei einfach nicht bereit oder in der Lage ist, von sich selbst abzusehen und die eigene Position infrage zu stellen. An dieser Stelle kommen dann Führungsinstrumente wie die Anweisung zum Einsatz, die helfen, auch einen Dissens ins konstruktive Fahrwasser zu leiten.

Konfliktfall 3: Leistungsschwächere Personen im Team unterstützen

Die Teamarbeit steht im Shop-Floor-Management im Vordergrund. Meist wird die Gesamtperformance des Teams gemessen. Überprüfbar ist jedoch auch die Einzelleistung von Teammitgliedern.

Obwohl Mitarbeiter Markus Schmidt nun schon seit einem Jahr im Unternehmen arbeitet, liegt seine Einzelperformance deutlich unter der der anderen Teammitglieder. Mitarbeiter Martin Müller hat den Shop-Floor-Manager darauf angesprochen und ihm mitgeteilt, dass die anderen Teammitglieder sich mittlerweile bereits beschweren, weil Markus Schmidt die Gesamtperformance beeinträchtigt.

Um eine Eskalation zu vermeiden, entscheidet der Shop-Floor-Manager, Mitarbeiter Schmidt für einige Zeit bei seiner Arbeit zu begleiten und zu beobachten, wie der Prozess von ihm ausgeführt wird. So können eventuelle Prozessabweichungen oder fehlerhaftes Verhalten aufgedeckt und Maßnahmen für eine verbesserte Herangehensweise abgeleitet werden.

Er beschließt außerdem, die Situation im Team zu thematisieren und gemeinsam zu überlegen, wie das Team Herrn Schmidt unterstützen kann.

Auch hier ist der Shop-Floor-Manager an mehreren Fronten gefordert, um den Konflikt zu lösen. Zum einen will er den leistungsschwachen Mitarbeiter unterstützen – dies gelingt durch helfend-unterstützendes Feedback und klare Zielvereinbarungen, an denen sich der Mitarbeiter orientieren kann, um doch noch bessere Leistungen zu vollbringen.

Zum anderen will der Shop-Floor-Manager das Team motivieren, über dem leistungsschwächeren Mitarbeiter nicht den Stab zu brechen, sondern ihn zu unterstützen. Dazu verdeutlicht er dem Team, welche teamrelevanten hilfreichen Beiträge Markus Schmidt in der Vergangenheit geleistet hat. Zudem stellt er dem Team Möglichkeiten vor, wie es dem Kollegen unter die Arme greifen kann.

Fazit: Die Kernbotschaften des achten Kapitels

- Die konstruktive Konfliktlösung gehört zu den größten Herausforderungen eines Shop-Floor-Managers, weil er als Führungskraft und Kollege agieren muss.
- Die Vermeidung oder Vertuschung von Konflikten kann zu weitreichenden negativen Konsequenzen führen. Konflikte können jedoch auch den Grundstein für Innovationen legen. Wichtig ist daher, dass der Shop-Floor-Manager Konflikte frühzeitig erkennt, um einen Konsens herbeizuführen.
- Darum muss er Konfliktlösekompetenz aufbauen.

9.
Der Shop-Floor-Manager als Weiterbildner: Mitarbeiter und Team qualifizieren und fördern

Was Sie in diesem Kapitel erfahren

- Als Shop-Floor-Manager sind Sie dafür verantwortlich, den Mitarbeitern und Teams die Möglichkeit zur ständigen Weiterqualifizierung zu eröffnen.
- Sie lernen eine Methodik kennen, mit der Sie im Gespräch gemeinsam mit dem Mitarbeiter dessen Qualifikationsbedarf feststellen.
- Sie lesen, wie Sie in Anlehnung an die Teamentwicklungsphasen die Weiterentwicklung auch Ihres Teams verwirklichen.

9.1 Mitarbeiter qualifizieren und weiterentwickeln

Die Abbildung 20 zeigt, wie der Shop-Floor-Manager grundsätzlich vorgeht, wenn er Mitarbeiter in ihrer Weiterentwicklung unterstützen will: Es werden Ziele definiert und vereinbart – danach gibt der Shop-Floor-Manager im Alltags-Coaching Unterstützung bei der Zielerreichung. Dann misst er die Leistung des Mitarbeiters, beurteilt die Zielerreichung – und leitet die Konsequenzen aus der Leistungsbeurteilung ab. Entweder werden neue Ziele vereinbart oder die Nichterreichung der Ziele gibt Anlass zu der Überlegung, wie der Mitarbeiter seine Kompetenzen auf- oder ausbaut. Die Fördermaßnahmen sollen ihm helfen, die Zielvereinbarungen zu erfüllen.

Zielorientierte Qualifizierungsgespräche führen

Ziel des Qualifikationsgesprächs ist der zukunftsgerichtete Dialog: Der Shop-Floor-Manager bespricht mit dem Mitarbeiter die Möglichkeiten der Qualifizierung. Gemeinsam analysieren sie den Kompetenz-Istzustand und definieren den Kompetenz-Sollzustand, um Kompetenzlücken auf die Spur zu kommen.

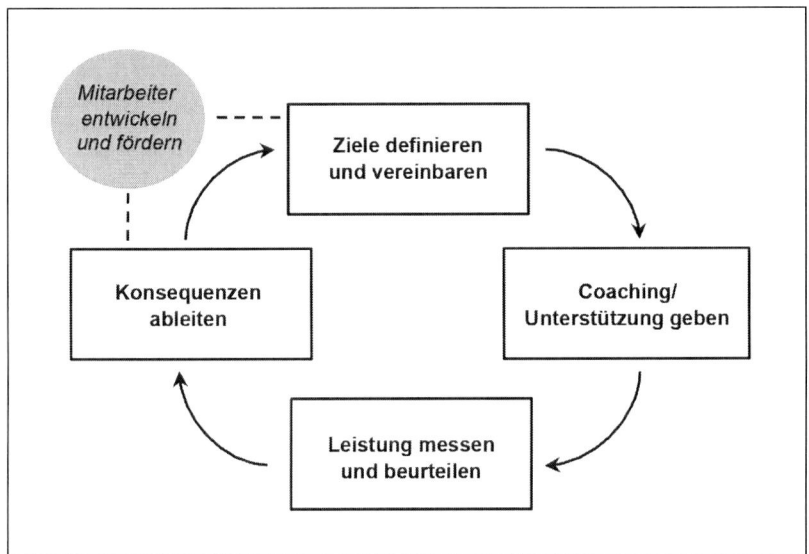

Abbildung 20: Mitarbeiter entwickeln und fördern

Was ist bei der Durchführung des Gesprächs zu beachten? In der Vorbereitungsphase besorgt sich der Shop-Floor-Manager alle notwendigen Informationen über den Mitarbeiter, etwa zu Ausbildung, Qualifikationen, bisherigen Fördermaßnahmen und Leistungen.

Am besten ist es, wenn der Shop-Floor-Manager das Gespräch positiv eröffnet, indem er erbrachte Leistungen zunächst anerkennt und so von Beginn an nicht die Defizite, sondern die Stärken betont. Dann leitet er zum eigentlichen Grund des Gesprächs über: „Ich habe mir überlegt, wie Sie Ihre Fähigkeiten noch verbessern können. Ich möchte mit Ihnen besprechen, welche konkreten Maßnahmen wir vereinbaren sollten, um Sie gezielt zu fördern. Ich werde das Ergebnis unseres Gesprächs an die Personalabteilung weiterleiten, damit die erforderlichen Maßnahmen eingeleitet werden können."

Es folgt das Kerngespräch, in dem der Shop-Floor-Manager den Mitarbeiter animiert, seine eigenen Überlegungen zu dessen Stärken und Schwächen zu formulieren. Dabei helfen Fragen wie: „Was ist Ihnen persönlich gut gelungen?" und „Was läuft bei Ihnen weniger gut, wo könnten Sie sich noch verbessern?"

> **Merke**
>
> Es ist unter dem Gesichtspunkt der wertschätzenden Mitarbeiterführung von besonderer Bedeutung, den Mitarbeiter so weit wie möglich an der Festlegung der Weiterentwicklungsmaßnahmen zu beteiligen.

Jetzt legt der Shop-Floor-Manager seine Sichtweise dar; er unterstützt den Mitarbeiter dort, wo er mit ihm einer Meinung ist. Vor allem dann, wenn unterschiedliche Einschätzungen vorliegen, begründet er seine Ansicht. Er verdeutlicht, welche Stärken des Mitarbeiters aus seiner Sicht für das Unternehmen oder auch das Team von Bedeutung sind. Und er zeigt auf, welche Kompetenzen der Mitarbeiter auf- und ausbauen muss, weil eine Lücke zwischen Kompetenz-Ist und Kompetenz-Soll vorliegt.

Ziel des Qualifikationsgesprächs ist es, die Eigeneinschätzung des Mitarbeiters und die Sicht des Shop-Floor-Managers miteinander zu vergleichen und zu einer möglichst großen Übereinstimmung zu gelangen. Im Idealfall formuliert die Führungskraft eine Vereinbarung, die der Mitarbeiter mitträgt.

Nun können Mitarbeiter und Shop-Floor-Manager die notwendigen Weiterbildungsmöglichkeiten Punkt für Punkt durchgehen und sich auf Fördermaßnahmen einigen. Und natürlich müssen den Worten auch Taten folgen und die vereinbarten Fördermaßnahmen realisiert werden.

Neue Mitarbeiter mit der Job-Instruction-Methode einarbeiten

Eine Sonderform der Mitarbeiterqualifizierung stellt die Einarbeitung neuer Mitarbeiter dar. Gerade bei der Arbeit mit standardisierten Arbeitsprozessen, die in der Produktionshalle zum Alltag gehören, ist eine gute und ausreichende Einarbeitung des neuen Mitarbeiters unerlässlich.

Ein Beispiel zeigt, wie der Shop-Floor-Manager vorgeht: An den ersten Arbeitstagen des neuen Maschinenführers nimmt er sich viel Zeit für „den Neuen". Den Arbeitsablauf, den der neue Mitarbeiter in seiner Tätigkeit ausführen soll, bringt er ihm mit der Job-Instruction-Methode nahe. Diese Methode stammt von Toyota und besteht aus Schritten, die allesamt der wertschätzenden Mitarbeiterführung verpflichtet sind.

Zunächst weckt der Shop-Floor-Manager das Interesse des Mitarbeiters an der neuen Tätigkeit. Dann führt er die Tätigkeit in all ihren Einzelschritten vor und erklärt dabei, was, wie und warum er dies tut. Gegebenenfalls kann er einige Schritte wiederholen und dabei die Kernpunkte hervorheben. Anschließend führt er den gesamten Arbeitsvorgang vor. Wenn der Shop-Floor-Manager über diese Kompetenz nicht verfügt, kann er diesen Prozess von einem Experten durch- und vorführen lassen.

Mit anderen Worten: Der Shop-Floor-Manager macht den Maschinenführer Schritt für Schritt mit der neuen Tätigkeit vertraut und erläutert überdies die Bedeutung der Tätigkeit für den Gesamtprozess, um den Identifikationsfaktor von Anfang an zu erhöhen.

Schließlich führt der Mitarbeiter den Vorgang unter Anleitung aus. Dabei soll er das Was, Wie und Warum versprachlichen, um so Verständnisprobleme selbst erkennen zu können. Der Shop-Floor-Manager arbeitet mit Lob und Anerkennung und geht auf Fehler korrigierend ein.

Im letzten Schritt übt und arbeitet der neue Mitarbeiter eigenständig. Der Shop-Floor-Manager kontrolliert die Arbeit nur noch so lange, bis der Maschinenführer den Prozess beherrscht und keine Unterstützung mehr benötigt.

Stopp, liebes Autorenteam, ich habe da mal einen Einwand!
Diese doch sehr intensive Einarbeitung ist aber eher ungewöhnlich.

Dem Maschinenführer in unserem Beispiel erging es ähnlich – dieses detaillierte Vorführen einer neuen Tätigkeit hatte er so noch nicht erlebt. Aber es geht uns ja auch darum, Führung vor Ort neu zu gestalten. Bedenken Sie: Je mehr Gewissenhaftigkeit und Zeit in die Einarbeitung eines neuen Mitarbeiters investiert werden, desto niedriger ist das Risiko für Fehler. Auch unser Maschinenführer hat schließlich die Chance genutzt, um in der direkten Zusammenarbeit mit dem Shop-Floor-Manager Fragen sofort zu klären und mögliche Probleme anzusprechen. Der Shop-Floor-Manager hat diese Fragen natürlich im Detail beantwortet. Das Ergebnis: Der Maschinenführer hat sich in Rekordgeschwindigkeit an den standardisierten Arbeitsprozess gewöhnt. Er weiß nun sehr genau, wie in dem Unternehmen gearbeitet wird und welche Erwartungen an ihn gestellt werden.

9.2 Teams qualifizieren und weiterentwickeln

Neben der Qualifizierung einzelner Mitarbeiter gehört die Teamentwicklung zu den Aufgaben des Shop-Floor-Managers. Dazu ist ein gewisses theoretisches Hintergrundwissen zu den Entwicklungsphasen, die von einem Team durchlaufen werden, notwendig. Ebenso wichtig ist die praktische Unterstützung des Teamentwicklungsprozesses durch den Shop-Floor-Manager.

Die Entwicklungsphase des Teams beachten

Wer sein Team produktiv und konstruktiv unterstützen will, ist auf das Wissen angewiesen, in welchem „Zustand" sich das Team befindet. Für jedes Team lassen sich typische Phasen im Ablauf des Entwicklungsprozesses erkennen. Ein Team entwickelt sich aus einer Ansammlung verschiedener Individuen (Phase 1) zu einem effektiven Team (Phase 4). Bruce W. Tuckman nennt diese vier Phasen Forming, Storming, Norming und Performing, die sich anhand der Teamentwicklungsuhr in Abbildung 21 gut veranschaulichen lassen.

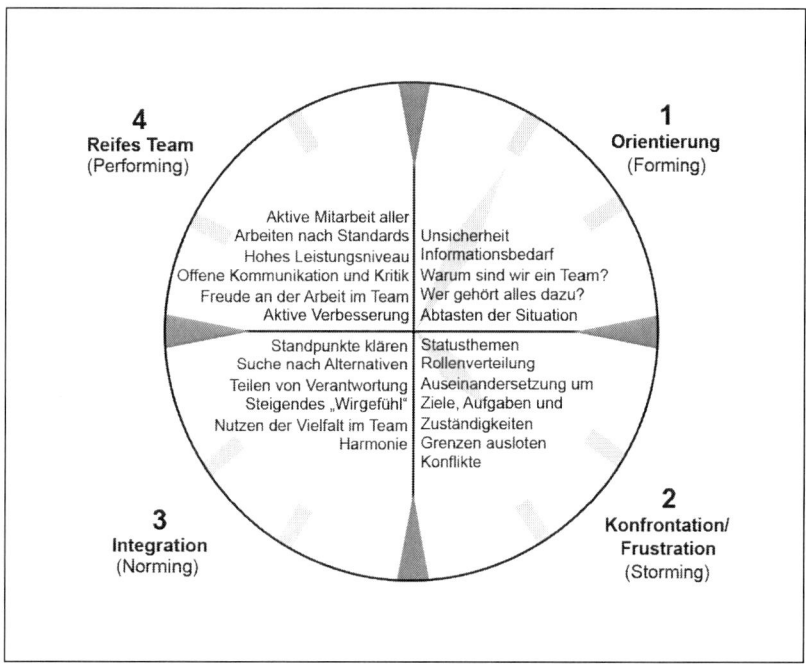

Abbildung 21: Phasenmodell der Teamentwicklung nach Tuckman, Bruce W.: Developmental Sequence in Small Groups

Bei dem Phasenmodell handelt es sich um einen idealtypischen Verlauf der Gruppenentwicklung. Die einzelnen Phasen werden nicht notwendigerweise immer vollständig und in dieser Reihenfolge durchlaufen. Eine Gruppe kann beispielsweise Phase 1 überspringen und direkt mit der Konfrontationsphase starten. Auch kann eine Gruppe, beispielsweise wenn ihr eine neue Aufgabe übertragen wird, in eine frühere Phase zurückfallen.

Motivation und Produktivität eines Teams schwanken während des Gruppenentwicklungsprozesses. In der Orientierungsphase ist die Motivation und das Engagement hoch, fällt dann infolge zunehmender Auseinandersetzungen und Konflikte in der Phase 2 jedoch ab. Erst wenn sich infolge der Auseinandersetzungen ein Konsens hinsichtlich der Rollen, Ziele, Normen und Werte herausbilden kann, steigt die Motivation der Teammitglieder wieder auf das anfängliche Niveau an oder erhöht sich (Phase 3 und 4). Im Gegensatz zur schwankenden Motivationskurve steigt die Produktivität von Phase zu Phase kontinuierlich an – dies veranschaulicht Abbildung 22.

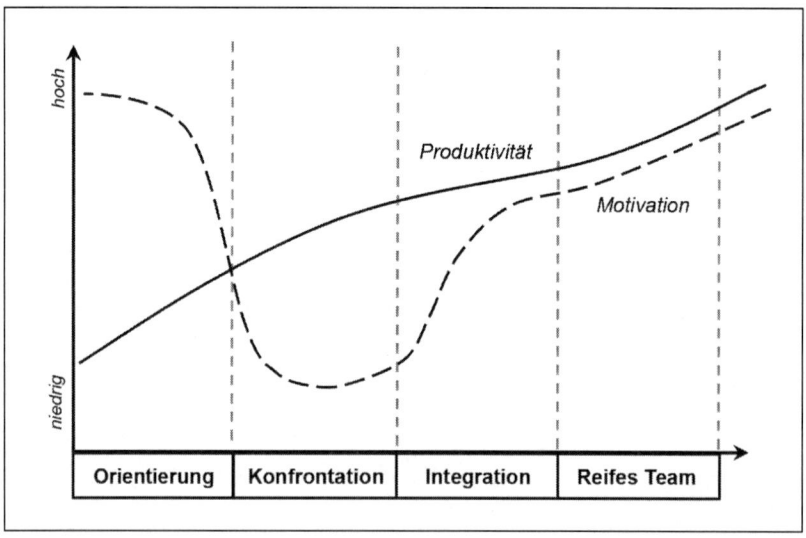

Abbildung 22: Produktivität eines Teams während seiner Entwicklung. Quelle: Tuckman, Bruce W.: Developmental Sequence in Small Groups

Das heißt: Es geht nicht darum, als Shop-Floor-Manager zuallererst für die Erhöhung der Produktivität des Teams zu sorgen.

> **Merke**
>
> Die Arbeit des Shop-Floor-Managers liegt vor allem im motivatorischen Bereich: Er unterstützt das Team dabei, arbeitsfähig zu werden und entfacht unter Berücksichtigung der wertschätzenden Führung und des Entwicklungsstandes des Teams einen Teamgeist. Die Teammitglieder sollen möglichst ihre persönlichen Einzelinteressen den Teaminteressen unterordnen.

Das Team phasenorientiert unterstützen

In der Orientierungsphase gelingt dies, indem der Shop-Floor-Manager dafür sorgt, dass jedes Teammitglied „seinen Platz" im Team findet und akzeptiert. Er stellt Spielregeln für den Umgang miteinander auf und verdeutlicht zum Beispiel, dass die Meinung jedes Teammitgliedes gleich viel wert ist.

Eine Bewährungsprobe erleben Team und Shop-Floor-Manager in der Konfrontationsphase. Hier kommt es häufig zu Machtkämpfen und Konflikten, die aber notwendig sind, damit die Gruppe zusammenfinden kann. Der Shop-Floor-Manager organisiert offene Gesprächsrunden, motiviert die Teammitglieder, indem er die ersten Erfolge anerkennt, die als Team erreicht werden konnten. Vor allem betont er, dass Erfolg nur möglich ist, wenn alle Teammitglieder an einem Strang ziehen und sich darauf verständigen, Ziele gemeinsam zu erreichen.

Des Weiteren ist die Fähigkeit des Shop-Floor-Managers als Konfliktlöser gefragt, also die Konfliktlösekompetenz, die im achten Kapitel dargestellt wurde.

In der Integrationsphase kommt es zu einem Konsens zwischen den Teammitgliedern, die einzelnen Rollen werden klarer, eine Kooperation wird möglich, ein inspirierendes Wirgefühl und ein Teamspirit entwickeln sich. Darum kann sich das Team seinen eigentlichen Aufgaben widmen. Der Shop-Floor-Manager achtet vor allem darauf, dass die vereinbarten Spielregeln eingehalten werden – das gilt auch für die vierte Phase.

Im reifen Team schließlich herrscht ein offener Umgangston, man unterstützt sich gegenseitig. „Ich bin gut, aber wir sind besser" – das ist die Überzeugung aller Teammitglieder. Man weiß die Unterschiedlichkeit der Teammitglieder zu schätzen, weil Vielfalt sowie die sich ergänzenden Kompetenzen und Persönlichkeitsmerkmale dabei helfen, auch schwierige Aufgaben gemeinsam zu lösen.

Regelmäßig Teamgespräche durchführen

Bereits ab der Orientierungsphase sollte der Shop-Floor-Manager von ihm moderierte Teamgespräche durchführen. Das wird in der Regel eine für ihn neue Herausforderung sein. Die regelmäßige Durchführung dieser Gespräche ist jedoch eines der wichtigsten Mittel, um die Kommunikation mit dem Team und innerhalb des Teams sicherzustellen.

Ziel eines jeden Teamgesprächs ist es, dass die Teammitglieder die Themengebiete „Ziele, Weiterentwicklung des Teams, Know-how-Auf- und Ausbau, Verbesserungen und Abarbeitung der Aufgaben" besprechen.

Die Teamsitzungen bilden die ideale Plattform, um gruppenspezifische Kennzahlen zu analysieren und als Steuerungsinstrument zu nutzen, gemeinsame Spielregeln zu entwickeln, und mit dem Aktivitätenplan zu arbeiten, den wir im siebten Kapitel bereits angesprochen haben. Mithilfe der Aktivitätenliste werden sämtliche Optimierungsideen des Teams aufgelistet und mit konkreten Verantwortlichkeiten und Terminen versehen.

Das Team mit der Job-Instruction-Methode unterstützen

Kommen wir zu der konkreten Unterstützung, die der Shop-Floor-Manager den Teammitgliedern geben kann – dazu ein Beispiel: Das Team eines Aluminium verarbeitenden Unternehmens hat durch eine Weiterbildung – einem dreitägigen SMED-Workshop, bei dem die Rüstzeit einer Produktionsmaschine oder einer Fertigungslinie reduziert wird – die Rüstzeit an einer Längsteilschere erheblich verkürzt und einen neuen Standardprozess entwickelt. Alle Mitarbeiter, die diese Maschine bedienen, müssen den neuen Prozess verstehen und anwenden. Nur wenn alle Mitarbeiter den Prozess in derselben Qualität ausüben, kann die verbesserte Zeit erreicht und eingehalten werden.

Das Problem: Da schichtbedingt nicht alle Mitarbeiter an dem Workshop beteiligt waren, müssen nun auch diese Mitarbeiter trainiert werden. Der Shop-Floor-Manager organisiert dazu auf jeder Schicht ein Training zur Einübung des Standardprozesses. Er weiß, dass sich sein Team in der Integrationsphase befindet. Der letzte Schritt zum reifen Team fehlt zwar noch – aber mit einiger Wahrscheinlichkeit werden die Mitarbeiter, die an dem Workshop teilgenommen haben, die Kollegen unterstützen wollen.

Stopp, liebes Autorenteam, ich habe da mal eine Frage!
Sie meinen, dass sich die Mitarbeiter gegen dieses Training sperren würden, befände sich das Team in einer anderen Phase?
Die Menschen eines Teams, das sich in der Orientierungs- oder Konfrontationsphase befindet, würden es vielleicht ablehnen, die Zeit aufzubringen, die Mitarbeiter, die nicht an dem Workshop teilgenommen haben, zu unterstützen: „Warum haben die nicht dafür gesorgt, dass sie auch teilnehmen können!" Das wäre ein – sicherlich ungerechtfertigtes – Argument, das vorgebracht würde. Der Shop-Floor-Manager hätte dann anders vorgehen und dem noch ungefestigten Team die Notwendigkeit des Trainings erläutern müssen. Und er hätte dem Team das gemeinsame Ziel in Erinnerung rufen müssen, das die Basis für den Teamerfolg ist.

Und weil er eine wertschätzende Führungskraft ist, versucht er bei seinen Entscheidungen den Entwicklungsstand des Teams zu berücksichtigen?
Richtig. Eine Führungskraft, die nur per Anweisung und Dekret führt, hätte das Team zu dem Training verdonnert. Der wertschätzende Shop-Floor-Manager hingegen erklärt den Teammitgliedern, warum das Vorgehen so und nicht anders notwendig ist, und will sie von dieser Notwendigkeit überzeugen.

Bei der Einübung des Standardprozesses bedient sich der Shop-Floor-Manager der Job-Instruction-Methode. Dazu lässt er den Rüstvorgang von einem bereits versierten Mitarbeiter erklären und vorführen. Danach erst werden die lernenden Mitarbeiter beteiligt. Diese führen unter Beobachtung des Experten den Rüstvorgang durch. Auch in den darauf folgenden Tagen beobachten der Shop-Floor-Manager und der Experte, ob der Rüstvorgang im Sinne des Standards ausgeführt wird und geben Hilfestellung bei Problemen.

Kollegen wie Kunden behandeln

Wichtig für die Teamqualifizierung im Shop-Floor-Management ist, dass auch innerbetriebliche Leistungen nach dem Kunden-Lieferanten-Prinzip organisiert werden. Mitarbeiter und Kollegen sind demnach „interne Kunden". Die internen Kunden haben, genauso wie externe Kunden, Anspruch auf fehlerfreie und pünktliche Lieferung. Es ist die Aufgabe des Shop-Floor-Managers, alle Mitarbeiter dazu zu qualifizieren, sie also davon zu überzeugen, wie erfolgsentscheidend es ist, den Kollegen als internen Kunden zu sehen und ihm entsprechend kundenorientiert zu begegnen.

Was das heißt, zeigt das Beispiel eines Automobilzulieferers in Bayern: Dort stellt der Shop-Floor-Manager sicher, dass jeder Mitarbeiter weiß, welche Arbeitsschritte den seinigen vorangegangen sind und welche darauf folgen. Er sorgt mithin dafür, dass jeder Mitarbeiter verinnerlicht, welche Auswirkungen sein Teilprozess im gesamten Prozess hat. Dies gelingt, wenn der Teamgeist geweckt werden konnte – und trägt zugleich zur Stärkung des Teamgedankens bei.

Fazit: Die Kernbotschaften des neunten Kapitels

- Der Shop-Floor-Manager unterstützt die einzelnen Mitarbeiter und das Team als Ganzes dabei, sich permanent weiterzuentwickeln und weiter zu qualifizieren, um die gestellten Aufgaben bestmöglich zu erledigen.
- Im Qualifizierungsgespräch stellt er fest, welche Kompetenzlücken bei einem Mitarbeiter mithilfe welcher Qualifizierungsmaßnahmen geschlossen werden können.
- Bei der Teamentwicklung analysiert er zunächst das Entwicklungsstadium des Teams, um schließlich die geeigneten Fördermaßnahmen einzuleiten.

10.
Der Shop-Floor-Manager als Stress-Manager: Konstruktiv mit Belastungen umgehen

> **Was Sie in diesem Kapitel erfahren**
>
> - Wir beschreiben, wie sich Stress reduzieren lässt, indem der Shop-Floor-Manager dafür sorgt, dass es zu weniger „Troubleshooting" kommt.
> - Sie erfahren wichtiges Grundlagenwissen zum Thema Stress: Meistens wird Stress durch individuelle Stressoren ausgelöst.
> - Sie lernen das Schlüsselelement zur Gesundheitsförderung der Mitarbeiter kennen: das gesundheitsorientierte und wertschätzende Führungsverhalten mit einer Balance aus Leistungsforderung und Menschlichkeit.

10.1 Weg vom „Troubleshooting"

Muss ein Shop-Floor-Manager auch noch als Stress-Manager tätig werden? Hat er nicht genug damit zu tun, sich die Kompetenz anzueignen, in der Produktionshalle Führungsaufgaben zu bewältigen?

Zum einen gehört es zur wertschätzenden Mitarbeiterführung, sich um das gesundheitliche und psychische Wohlergehen der Menschen zu kümmern, deren Führung man übernommen hat. Außerdem kann auch der Shop-Floor-Manager selbst unter subjektiv empfundenem Stress leiden – und dann ist das Wissen nützlich, wie er damit umgeht.

In vielen Unternehmen entsteht bei den Menschen Stress durch Aktionismus und Kurzschlusshandlungen aufseiten der Führungskräfte – „Troubleshooting" macht sich breit. Statt in Ruhe über Problemlösungen nachzudenken, werden hektisch planlose und unreflektierte Maßnahmen ergriffen, um ein Problem in den Griff zu bekommen. Mit Shop-Floor-Management hingegen gelingt es, beim Auftreten von Fehlern und Abweichungen durch systematisches und strukturiertes Handeln schnell und vor Ort einzugreifen. Weil der Shop-Floor-Manager direkt mit den Menschen kommunizieren kann, ist er nicht darauf angewiesen, Probleme mit den berühmt-berüchtigten Feuerwehreinsätzen zu lösen.

> **Merke**
>
> Shop-Floor-Management dient als Stressprophylaxe, weil die Vor-Ort-Führungsphilosophie ein systematisches und strukturiertes Vorgehen erlaubt, sobald Fehler auftreten. Der Shop-Floor-Manager kann direkt eingreifen und Mitarbeiter unterstützen.

10.2 Wertschätzendes Führungsverhalten als gesundheitsfördernde Maßnahme

2011 schrieben in einer Titelstory des *SPIEGEL* Markus Dettmer und Janko Tietz: „Aber der Stressfaktor Chef gerät neuerdings ebenfalls ins Visier. Studien belegen, dass Führungskräfte den Krankenstand ihrer Abteilungen quasi mitnehmen, wenn sie ihren Arbeitsplatz wechseln. Bereits vor Jahren hat Volkswagen in seinen Werken probeweise Vorgesetzte aus Bereichen mit überdurchschnittlich hohen Krankheitsraten in solche mit geringen Fehlzeiten versetzt. Resultat: Bereist nach einem Jahr hatten die Manager mit neuer Mannschaft wieder ihren alten Krankenstand erreicht."

Das heißt: Der Shop-Floor-Manager hat einen enormen Einfluss darauf, ob sich seine Mitarbeiter an ihren Arbeitsplätzen wohlfühlen oder nicht.

Ein gesundheitsorientiertes und wertschätzendes Führungsverhalten trägt zuallererst dazu bei, dass sich die Mitarbeiter an ihren Arbeitsplätzen wohlfühlen und auch objektiv belastende Situationen als Herausforderung erleben – und eben nicht als Belastung, die lähmt.

Entscheidend dabei ist vor allem, dass der Shop-Floor-Manager:
- echtes Interesse an den Mitarbeitern zeigt,
- Aufgaben und Rollen im Team klar zuordnet,
- das Selbstbewusstsein und die Selbstwirksamkeit der Mitarbeiter stärkt,

- brachliegende Potenziale bei den Mitarbeitern entdeckt und fördert,
- Verantwortung ans Team und an einzelne Mitarbeiter überträgt,
- Mitarbeiter kontinuierlich informiert und in wichtige, das Team betreffende Entscheidungen einbindet,
- komplexe Unternehmensziele in verständliche, für den Mitarbeiter greifbare Begriffe und Aufgaben übersetzt,
- in problematischen Situationen konstruktive Unterstützung bietet,
- Toleranz gegenüber Fehlern zeigt, bei Problemen nicht Schuldige sucht, sondern eine Lösung,
- eine offene und transparente Kommunikation pflegt und stets konstruktives Feedback gibt,
- eine langfristige und stabile Personalplanung betreibt und
- sich und den Mitarbeitern ein Leben neben der Arbeit gönnt.

Stopp, liebes Autorenteam, ich habe da mal eine Anmerkung!
Ein recht umfangreicher Katalog mit Aspekten, die mir in Ihrem Buch bereits begegnet sind.

Und auch noch begegnen werden. Denn tatsächlich verhält es sich so, dass zahlreiche Aspekte der wertschätzenden Führung, die wir hier erläutern, allesamt einen großen Einfluss auf das Wohlbefinden der Mitarbeiter haben und damit auch auf deren Gesundheit. Shop-Floor-Manager, die leistungsorientiert und trotzdem menschlich führen, leisten einen enormen Beitrag zur Stressprophylaxe.

10.3 Stresskompetenz erwerben

Eine Maschine fällt aus, der Auftrag muss aber schnellstmöglich erledigt werden. Eine für Sie wahrscheinlich nicht unbekannte Situation. Die ersten Reaktionen eines Menschen sind: Stress und Panik, schnelle Reaktionen, kurz: das erwähnte „Troubleshooting".

Der Hintergrund der Reaktion: Der menschliche Körper ist zwar darauf vorbereitet, mit belastenden äußeren und inneren Reizen umzugehen – ein Relikt aus grauer Vorzeit, als es für den Menschen von überlebensnotwendiger Bedeutung war, den Körper sekundenschnell in Alarmbereitschaft zu versetzen und ihn auf Kampf oder Flucht zu programmieren. Diese körperliche Reaktion hilft auch heute, mit belastenden Situationen umzugehen: Der menschliche Organismus wird auf Höchstleistung getrimmt; alle Körperfunktionen, die nicht unbedingt notwendig sind, der Bedrohung auszuweichen, werden heruntergefahren – leider auch die Denkfähigkeit des Gehirns, denn der Verteidigungsmechanismus des Körpers soll nicht durch zu langes Nachdenken beeinträchtigt werden.

Fatale Konsequenz, die sich auch in der Stresssituation in der Produktionshalle als nachteilig erweist: Das Denkvermögen ist besonders dann eingeschränkt, wenn es am nötigsten gebraucht wird – nämlich um nach Auswegen und Lösungen zu suchen. Was in einer zeitlich begrenzten bedrohlichen Situation durchaus Sinn macht, wirkt sich nachteilig aus, wenn der Phase der Anspannung keine Phase der Entspannung folgen kann und sich eine Situation an die andere reiht, die vom Menschen als Belastung empfunden wird.

Was kann der Shop-Floor-Manager tun? Erst einmal heißt es, einen kühlen Kopf zu bewahren. Dann setzt er Prioritäten: Zuerst sorgt er dafür, dass die Maschine wieder läuft. Er informiert die nächsthöhere Führungsebene, zudem müssen die Stückzahlen auf andere Maschinen verlagert werden. An die Mitarbeiter kommuniziert er ruhig und unmissverständlich, was sie zu tun haben. Durch die klare Strukturierung der notwendigen Handlungsschritte gelingt es ihm, die Situation zu entschärfen.

Und dann muss er sich darum kümmern, wie es gelingt, den individuellen Stressoren des Mitarbeiters in unserem Beispiel auf die Spur zu kommen. Vielleicht gelingt es ihm dann, diese individuellen Stressoren aus dem Weg zu räumen.

Stressoren in der Produktionshalle erkennen

Unterschied man früher zwischen positivem und negativem Stress, wird der Begriff heute ausschließlich für ein negatives, belastendes Empfinden gebraucht. Laut Dieter Zapf und Norbert Semmer versteht man heute unter Stress ein Ungleichgewicht zwischen Anforderungen und Handlungsmöglichkeiten, das als unangenehm erlebt wird. Belastung hingegen ist zunächst einmal neutral zu bewerten und meint alle Einflüsse, die von außen auf Menschen einwirken. Belastungen können genauso auch positiv erlebt werden, wenn die geforderten Anforderungen den Fähigkeiten und dem eigenen Handlungsspielraum entsprechen, die ein Mensch zur Verfügung hat, um diesen erfolgreich zu begegnen. Stimmen diese beiden Komponenten überein, können Menschen sogar ein sogenanntes Flow-Erlebnis empfinden, einen Zustand des völligen Aufgehens in einer Tätigkeit.

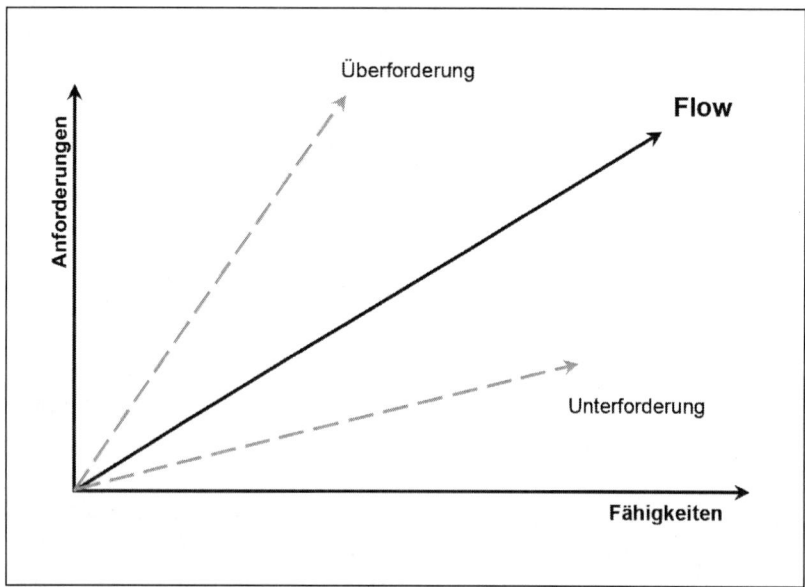

Abbildung 23: Das Flow-Erlebnis nach Dr. Mihaly Csikszentmihalyi

Werden an einen Menschen jedoch Anforderungen gestellt, die dieser mit den ihm zur Verfügung stehenden Möglichkeiten nicht bewältigen kann und empfindet er dieses Nicht-Vorhandensein als unangenehm, entsteht Stress. Im schlimmsten Fall kann sogar langfristig gesehen ein Burn-out-Syndrom entstehen, also ein Gefühl des Ausgebranntseins. Dies gilt auch für Unterforderung. Handelt ein Mensch langfristig unter seinen Möglichkeiten, entsteht gleichfalls Stress.

Stress ist eine höchst individuelle und subjektive Angelegenheit. Natürlich: Es gibt viele potenzielle Stressoren, die sich belastend auswirken können. Denken wir nur an den Shop-Floor-Manager: Die ungewöhnliche Doppelrolle als Führungskraft und Teammitglied oder Kollege kann vor allem in der Anfangsphase eine enorme Herausforderung sein. Hat der Shop-Floor-Manager das Gefühl, dieser Rolle mit den ihm zur Verfügung stehenden Mitteln gerecht zu werden, wird er darin eine positive Herausforderung sehen. Stressen wird ihn diese Situation, wenn er das Gefühl hat, dass die eigenen Fähigkeiten nicht ausreichen, erfolgreich zu handeln.

Hinzu kommt die Erweiterung des Aufgabenspektrums. Dieses umfasst neben den Leitungsaufgaben in den Bereichen Administration (Schicht- und Urlaubsplanung) und Kontrolle (von Pausen- und Arbeitszeiten) vor allem Shop-Floor-Tätigkeiten wie das Erkennen von Abweichungen im Produktionsprozess, Ursachenanalysen mit den Mitarbeitern vor Ort und das nachhaltige Abstellen dieser Abweichungen.

Aufgaben, die darüber hinaus während der Schicht anfallen, sind unter anderem die Weitergabe von Informationen an das Team, das Herunterbrechen der Unternehmensziele auf das Team und das Führen von Konfliktgesprächen. Zudem trägt der Shop-Floor-Manager die Verantwortung für den reibungslosen Ablauf der Schicht und der Schichtübergabe.

Entscheidend dabei ist aber immer:

> **Merke**
>
> Die Doppelrolle an sich und auch die Übernahme weiterer Aufgaben müssen nicht Stress auslösend sein. Vielmehr sind es der Umgang des Shop-Floor-Managers mit diesen Situationen, sein subjektives Empfinden und die Rahmenbedingungen, die zu positiv empfundenen Belastungen oder zu Stress führen können.

Weitere potenzielle Herausforderungen sind monotone Arbeitsabläufe, die mentale Beanspruchung, aber auch Zeit- oder Termindruck, die Informationspolitik des Unternehmens sowie die Fairness bei Bezahlung und Beförderung.

Zu beachten sind außerdem die sozialen Faktoren wie etwa die Beziehungen zu anderen Menschen. Oft ist nicht das Arbeitspensum die Hauptursache für Stress bei der Arbeit, sondern es sind die Beziehungen zum Chef, zu Kollegen und zu Mitarbeitern, die den Arbeitsalltag anstrengend gestalten und subjektiv als Stressoren wirken können.

Insgesamt gilt: Kurzfristiger Stress ist meist kein Problem und kann mit einiger Anstrengung bewältigt werden. Chronischer Stress jedoch entsteht, wenn eine Situation langfristig besteht und die eigene Persönlichkeit angreift.

Stopp, liebes Autorenteam, ich habe da mal eine Frage!
Es ist also ganz entscheidend, wie der einzelne Mensch mit dem Stress umgeht?
Richtig. Dieses Wissen sollte der Shop-Floor-Manager auf jeden Fall haben, damit er angemessen mit eigenem Stress und dem der Mitarbeiter umgehen kann. Neben den genannten Stressfaktoren in der Arbeit gibt es persönliche Dispositionen, die ein negatives Stressempfinden begünstigen, also personale Stressoren. Meistens besteht

der erste Schritt zur Stressbewältigung darin, den individuellen Stressoren, also den persönlichen Belastungssituationen, auf die Spur zu kommen und offen darüber zu sprechen.

Jeder Mensch hat also seine persönlichen Stressoren, mit denen er sich beschäftigen muss.
Ja, bei der Frage, welche konkrete Situation als stressend bezeichnet wird, gilt das Prinzip der Individualität: Ein Stressor, von dem einen als belastend empfunden, wirkt bei dem anderen zum Beispiel als positiver Adrenalinschub. Die persönliche Bewertung entscheidet darüber, ob eine Situation als stressend empfunden wird oder nicht. Ein konkretes Beispiel: Wenn sehr viele Aufträge an einem Tag erledigt werden müssen, ist dies für den einen Mitarbeiter eine positive Herausforderung, der er sich gerne stellt. Der Kollege jedoch empfindet Stress. Bei beiden Mitarbeitern besteht die Lösung darin, Prioritäten zu setzen. Dabei kann ihnen der Shop-Floor-Manager helfen.

Die „sich selbst erfüllende Prophezeiung"

Verstärkt wird die Stress-Problematik dadurch, dass es gar nicht einmal einer realen Situation bedarf, um eine Stressreaktion hervorzurufen: Stress auslösende Faktoren müssen nicht immer von außen kommen. Der menschliche Körper zeigt Stressreaktionen, wenn es dem Shop-Floor-Manager oder einem Mitarbeiter nicht gelingt, eine wichtige Aufgabe fristgerecht und in der notwendigen Qualität zu erledigen. Er zeigt sie aber auch, wenn sie sich diese Situation nur vorstellen.

Mit anderen Worten: Negative Gedanken, Sorgen und Ängste können die gleichen Stresssymptome verursachen wie Einwirkungen von außen.

Der negative Gedanke lässt Vorstellungen entstehen, die ihn „bebildern":
Der Shop-Floor-Manager oder der Mitarbeiter sieht dann vor dem inneren
Auge Bilder ablaufen, die zeigen, dass er es tatsächlich nicht schafft, die
Aufgabe zu erfüllen. Und dies zieht dann konkrete Stresssymptome nach
sich. Wenn diese Bilder erst einmal fest im Unterbewusstsein verankert
sind, kann dies dazu führen, dass das dementsprechende Verhalten folgt:
Der Gedanke, etwas nicht schaffen zu können, lässt eben diesen Gedanken
Wirklichkeit werden – die „sich selbst erfüllende Prophezeiung" tritt ein.

10.4 Weitere Strategien zum produktiven Umgang mit Stress

Noch einmal: Wenn es darum geht, das Wohlbefinden der Mitarbeiter zu
fördern, ist die individuelle, auf den einzelnen Mitarbeiter bezogene Führungsarbeit des Shop-Floor-Managers entscheidend. Über welche weiteren
Möglichkeiten verfügt der Shop-Floor-Manager, seine Stresskompetenz zu
erhöhen? Welche Stressbewältigungsstrategien stehen ihm zur Verfügung
– auch bezüglich seines Teams und seiner Mitarbeiter?

Stress-Typen unterscheiden

Die Stressforschung hat verschiedene Stress-Typologien entwickelt und
unterscheidet beispielsweise zwischen A- und B-Typen: Der A-Typ neigt zu
hohem Leistungsstreben, Perfektionismus sowie starker Zielorientiertheit
und fühlt sich wohl, wenn er viel leisten muss. Selbst höchste berufliche
Anspannung empfindet er oft als positive Herausforderung.

Der B-Typ hingegen tendiert dazu, Stresssituationen zu vermeiden. Will
der Shop-Floor-Manager einen Mitarbeiter bei der Stressbewältigung unterstützen, muss er wissen, zu welchem Typ der Mitarbeiter tendiert. Zudem
sollte er im Gespräch analysieren, wie dieser eine Stresssituation bewertet.

Denn wie erwähnt: Ein und dieselbe Situation wird von zwei Teammitgliedern vollkommen unterschiedlich aufgenommen. Der eine blüht bei einer Herausforderung auf, der andere verzagt und empfindet Angst vor ihr.

Um herauszufinden, ob ein Mitarbeiter unter erheblichen Stress steht, sollte der Shop-Floor-Manager wissen, wie dieser die Arbeitsanforderungen bewertet. Im Mitarbeitergespräch muss der Shop-Floor-Manager daher Antworten auf folgende Fragen finden:

- Fühlt sich der Mitarbeiter überfordert oder unterfordert? Wie beurteilt er die Arbeitsanforderungen?
- Ist er der Meinung, genügend Einfluss auf seine Arbeitssituation zu haben? Möchte er mehr Steuerungsmöglichkeiten – oder verursacht das eigenverantwortliche Arbeiten bereits jetzt Stress?
- Wie beurteilt er die Unterstützung, die er von außen – durch Arbeitsumfeld, Kollegen und Führungskräfte – erhält?

Jetzt verfügt der Shop-Floor-Manager über erste Ansatzpunkte, um den Mitarbeiter zu unterstützen.

Stopp, liebes Autorenteam, ich habe da mal eine Frage!
Sollte der Shop-Floor-Manager die Stress-Typologie auch auf sich selbst anwenden?
Das muss er sogar – dazu ein Beispiel: Ein Shop-Floor-Manager gehört zu Typ A – aber sein Perfektionismus steht ihm oft im Weg. Das Problem: Wer das Selbstbild verinnerlicht hat, er müsse jede Situation perfektionistisch beherrschen, setzt sich einem immensen Erfolgsdruck aus und erhöht seine Stressanfälligkeit. Gelingt es, dieses Selbstbild durch die Überzeugung zu relativieren, man wolle als Shop-Floor-Manager stets sein Bestes leisten – auch in der neuen Rolle als Führungskraft –, löst sich der Shop-Floor-Manager von dem Ideal des allwissenden Problemlösers. Und dann kann er die Angst vor Fehlern und dem Versagen in zielgerichtetes Handeln umwandeln.

Bisheriges Stressverhalten analysieren

Der Shop-Floor-Manager sollte schriftlich die Stressoren festhalten, die ihn belasten – die realen, aber auch die Ängste und Sorgen, die ihn stressen. Danach überlegt er, wie er bisher mit diesen Situationen und negativen Gedanken umgegangen ist.

Der Hintergrund dieser Überlegung: Viele Menschen wenden ganz automatisch effektive Stressbewältigungstechniken an – manchmal ohne dass sie sich dessen bewusst sind. Der eine legt eine Pause ein und geht fünf Minuten an die frische Luft, der andere begibt sich auf eine Fantasiereise und stellt sich in Gedanken vor, wie er abends mit den Kindern spielt. Wer sich dieser Techniken bewusst wird, kann sie gezielt einsetzen.

Vielleicht kann der Shop-Floor-Manager eine Stressbewältigungstechnik, die er bislang unbewusst eingesetzt hat, auch in stressigen Situationen in der Produktionshalle nutzen. Und nichts spricht dagegen, den Mitarbeitern vorzuschlagen, diese Technik ebenfalls anzuwenden.

Persönliche Einflussmöglichkeiten auf Stressoren prüfen

Der Shop-Floor-Manager sollte seine Stressoren daraufhin abklopfen, ob er einen Einfluss auf sie hat. Dabei hilft die Beantwortung von zwei wichtigen Fragen. Zunächst einmal: „Ist der Stressor durch mich selbst ausgelöst und kann ich ihn beeinflussen?"

Der Shop-Floor-Manager kann zum Beispiel Hektik vor der morgendlichen Frühbesprechung als Stressor empfinden. Dem kann er vielleicht vorbeugen, indem er einen klaren zeitlichen Ablauf und eine sichere Informationsstruktur zur Sammlung der relevanten Informationen etabliert.

Wenn er die Hektik nicht verhindern kann, sollte er sich zumindest eine andere Einstellung dazu erarbeiten, etwa indem er Strategien ersinnt, die bewirken, dass er sich nicht mehr so sehr über die Hektik ärgert und sie akzeptiert.

Die zweite wichtige Frage lautet: „Wird der Stressor durch eine andere Person verursacht und kann ich ihn trotzdem beeinflussen?" Eventuell ist es möglich, dass der Shop-Floor-Manager mit seiner Führungskraft darüber spricht, ob ein Stressor, der durch die Führungskraft ausgelöst wird, beseitigt werden kann. Wenn die Führungskraft dazu neigt, sich bei Zielvereinbarungen unklar auszudrücken, und so für den Shop-Floor-Manager stressige Situationen herbeigeführt werden, kann er dies im Gespräch thematisieren.

So ist es möglich, zumindest einige vermeidbare Stressoren von vornherein auszuschließen und die tägliche Stressdosis deutlich zu verringern. Oft bleiben nur noch diejenigen Stressoren übrig, die vom Shop-Floor-Manager kaum oder gar nicht beeinflusst werden können – etwa die Tatsache, dass er im Schichtdienst arbeiten muss. Für diese nicht vermeidbaren Situationen stehen ihm einige Stressbewältigungstechniken zur Verfügung.

Für Abwechslung sorgen – zwischen Anspannung und Entspannung

Die allein selig machende Stressbewältigungsmethode gibt es leider nicht. Systematisches Vorgehen im Falle von Problemen und Abweichungen, Körperbedürfnisse beachten, effektives Ziel- und Zeitmanagement, Prioritäten setzen, urlauben, Aufgaben delegieren, Hang zum Perfektionismus vermeiden, Entspannungstechniken – welche der Strategien die richtige ist, ist individuell verschieden. Die konkreten Maßnahmen, die den Shop-Floor-Manager und seine Mitarbeiter bei der Stressbewältigung unterstützen, sind stets abhängig von der jeweiligen Persönlichkeit.

 **Stopp, liebes Autorenteam, ich habe da mal einen Einwand!**

Körperbedürfnisse beachten, Prioritäten setzen, Aufgaben delegieren – so einfach lassen sich diese Stressbewältigungsstrategien aber nicht verwirklichen.

Warum sollte es nicht möglich sein, dass der Shop-Floor-Manager oder auch der Mitarbeiter einen Fünfminutenspaziergang zwecks Stressabbaus einlegen! Zudem gehört es zur wertschätzenden Mitarbeiterführung und zum Gedanken des Führens vor Ort, sich um die gesundheitlichen Aspekte des Arbeitslebens konstruktive Gedanken zu machen. Auch, weil man weiß, dass dies positive Auswirkungen auf die Arbeitsleistung und die Motivation hat. Wichtig ist, dass bei der Realisierung der Stressbewältigungsvorschläge die Geschäftsleitung mit im Boot sitzen muss.

Welche weiteren Maßnahmen können denn auf Unternehmensebene ergriffen werden?

Zunächst einmal sollte die Geschäftsleitung alle hier genannten Aktivitäten unterstützen. Sie kann aber zum Beispiel auch betriebliche Aus- und Weiterbildungen zu den Themen Stressmanagement, Zeitmanagement, Gesprächsführung, Umgang mit Konflikten, Entspannungstechniken, Ernährungsberatung oder Raucherentwöhnung anbieten. Auch die Einrichtung von Gesundheitszirkeln oder die Durchführung regelmäßiger Gesundheits-Check-ups sind denkbar.

Wie kann der Shop-Floor-Manager für einen kontinuierlichen Wechsel zwischen Phasen der Anspannung und der Entspannung sorgen? Im Stress werden Körper und Geist auf Alarm geschaltet, der Körper macht mobil und steht unter Anspannung. Diese Energie muss abgebaut werden – durch Bewegung und gedankliche Beschäftigung. Wer es versteht, immer wieder körperlich und mental entspannende Phasen in seinen Alltag einzubauen und den Energieakku aufzufüllen, wird mit den anspannenden Situationen besser fertig. Der Shop-Floor-Manager sollte daher jede Möglichkeit nutzen, diese Stress reduzierenden Situationen aktiv herbeizuführen und

– falls möglich – zu institutionalisieren. Er kann sich bei der Geschäftsleitung dafür einsetzen, dass den Mitarbeitern und ihm selbst Möglichkeiten dazu eröffnet werden.

Vielleicht ist es möglich, eine Stresspause als festen Bestandteil in den Berufsalltag zu integrieren, um dann eine der zahlreichen Stressbewältigungstechniken anzuwenden, etwa die progressive Muskelentspannung, autogenes Training, Meditation, Atemtechniken, Konzentrations- und Visualisierungsübungen und jede Form der sportlichen Betätigung.

Wie genau die Stresspause gestaltet wird, sollte gemeinsam beschlossen werden. Eine Fünfminutenpause genügt, um für den notwendigen Wechsel zwischen Anspannung und Entspannung zu sorgen.

Das bedeutet: Die Maßnahmen zur Stressbewältigung müssen stets auf die individuellen Stressoren der betroffenen Mitarbeiter abgestimmt werden – diese Abstimmung gehört zu den Aufgaben eines Shop-Floor-Managers, der wertschätzend führt.

Fazit: Die Kernbotschaften des zehnten Kapitels

- Durch das systematische Vorgehen bei Problemen oder Abweichungen können Probleme langfristig gelöst werden. „Troubleshooting", hektischer Aktionismus und Feuerwehreinsätze werden zu Auslaufmodellen. Die Folge: Potenzielle Stressoren können durch analytisches Entscheiden und Problemlösen reduziert werden.
- Mitarbeiter sind die wichtigste Ressource von Unternehmen zur Erreichung der Geschäftsziele. Mitarbeiter, die sich gesund fühlen, sind leistungsfähiger, kreativer, haben mehr Energie, bessere Problemlösestrategien und sind eher überzeugt, schwierige anstehende Herausforderungen gut zu meistern. Der Erhalt der Leistungsfähigkeit sollte einen hohen Stellenwert haben – daher ist es wichtig, dass der Shop-Floor-Manager für sich und seine Mitarbeiter nach Möglichkeiten sucht, Stress zu vermeiden oder abzubauen.
- Das Schlüsselelement dabei ist das gesundheitsorientierte und wertschätzende Führungsverhalten mit einer guten Balance aus Leistungsforderung und Menschlichkeit.
- Entscheidend ist es, die individuellen Stressoren zu erkennen, um sie dann zielgenau mit den geeigneten Stressbewältigungsstrategien zu bekämpfen.
- Zwar kann der Shop-Floor-Manager versuchen, den Mitarbeitern zu helfen, Stresskompetenz aufzubauen – bei vielen Aktivitäten muss jedoch die Geschäftsleitung mit im Boot sitzen.

11.
Der Shop-Floor-Manager als Change-Agent: Mitarbeiter und Team in der Produktionshalle für Veränderungen begeistern

> **Was Sie in diesem Kapitel erfahren**
>
> - Sie lesen, warum sich der Shop-Floor-Manager zum Change-Agent entwickeln muss.
> - Sie lernen Gesetzmäßigkeiten kennen, die Sie bei der Durchführung von Veränderungen berücksichtigen sollten.
> - Sie lesen, in welchen Phasen eine Veränderung abläuft.
> - Wir stellen dar, wie Sie Ihre Mitarbeiter, Ihr Team und sich selbst darauf vorbereiten, Veränderungsprozesse professionell zu planen und durchzuführen.
> - Sie erhalten Hinweise für ein erfolgreiches Change-Management.

11.1 Die Sinnhaftigkeit notwendiger Veränderungsprozesse kommunizieren

Es ist wohl unstrittig, dass ein Unternehmen scheitern muss, das in Erstarrung verharrt, sich nicht weiterentwickeln will und nicht in der Lage ist, sich den wechselnden Marktbedingungen anzupassen. Demnach dürfte die Durchführung notweniger Veränderungsprozesse in den Firmen kein Problem darstellen.

Doch die Realität spricht eine andere Sprache. Zum einen gilt: Organisatorische Strukturen weisen in der Regel ein gewisses Beharrungsvermögen auf und tendieren zur Erhaltung des Status quo. Was sich einmal bewährt hat, muss man ja nicht so schnell wieder ändern.

Und mit diesem „man" ist der zweite Aspekt des Problems genannt: der Mensch, der das Veränderungstempo nicht mitgehen will oder kann.

Stopp, liebes Autorenteam, ich habe da mal eine Frage!
Wie ergeht es Ihnen als Berater eigentlich bei der Einführung des Shop-Floor-Managements in Ihren Kundenunternehmen? Das ist doch ein klassisches Veränderungsprojekt.

Richtig – und darum müssen wir in den Firmen, die Shop-Floor-Management als neue Führungsphilosophie implementieren wollen, einige Überzeugungsarbeit leisten, und zwar auf mehreren Hierarchieebenen. Wenn eine Führungsebene vom Nutzen der Führungsphilosophie überzeugt ist, müssen wiederum auf der nächsten Mitarbeiterebene Anhänger für das Change-Projekt „Shop-Floor-Management" gewonnen werden. Das funktioniert nur mithilfe langwieriger Überzeugungsprozesse, an denen die Führungskräfte in den Firmen beteiligt werden müssen. Auch hier zeigt sich die Bedeutung der wertschätzenden Mitarbeiterführung. Veränderungsprozesse gelingen, wenn die Menschen innerlich Ja sagen zu der Veränderung.

Woran liegt es, dass Veränderungsprozesse so misstrauisch beäugt werden?
Das ist ein weites Feld. Die Neugier und der Entdeckungstrieb, die den jungen Menschen noch auszeichneten, scheinen oftmals im Zuge der Sozialisation in Elternhaus, Schule, Ausbildungsstätte und Arbeitsplatz auf der Strecke geblieben und einem Festhalten am Bewährten gewichen zu sein. Hinzu kommt: Wie jedes Lebewesen ist der Mensch auf den Erhalt seiner Art bedacht – und das Neue stellt zunächst prinzipiell eine Bedrohung dar, weshalb Vorsicht und Skepsis zu den ersten automatischen Reaktionen gehören – oder gar Angst und Panik. Und diese Reaktionen sind die denkbar schlechtesten Ratgeber bei der Gestaltung von Veränderungsprozessen. Der genetische „Bauplan" des Menschen hat sich in den letzten Jahrtausenden kaum geändert und darum fällt es vielen schwer, die Konsequenzen aus den sich ständig ändernden Umfeldbedingungen und dem unleugbaren Veränderungsdruck zu ziehen. „Das haben wir schon immer so gemacht", „Das klappt doch nie" und „Veränderung ja – aber bitte nicht bei mir und in meinem Bereich": So lautet die Dreieinigkeit der beliebtesten Ausreden. Die Frage ist, wie es gelingt, im Unternehmen, in der Abteilung, in der Produktionshalle, im Team eine Veränderungskultur zu etablieren. Der Schlüssel dazu lautet: Alle Beteiligten müssen in intensiven Kommunikationsprozessen von der Sinnhaftigkeit und Notwendigkeit eines Veränderungsprozesses überzeugt werden. Zu dem Aufgabenspektrum des Shop-Floor-Managers gesellt sich die Rolle des Change-Agenten hinzu.

Fallbeispiel: Veränderungsprojekte in ihrer Komplexität erfassen

Ein Beispiel verdeutlicht, warum sich Change-Management zuweilen so schwierig gestaltet: Verschwendung zu reduzieren ist eine der wichtigsten Aufgaben, die der Shop-Floor-Manager zusammen mit seinen Mitarbeitern umsetzen muss. In der klassischen Lean Production-Lehre nach Taiichi Ohno unterscheidet man zwischen verschiedenen Verschwendungsarten (siehe dazu auch Kapitel 12). In unserem Beispielunternehmen analysiert der Shop-Floor-Manager – nennen wir ihn Hermann Huber – die einzelnen Verschwendungsfallen: Er will herausfinden, wo sich die Produktion effektiver gestalten lässt.

Da in seiner Firma erst vor kurzem Shop-Floor-Management eingeführt worden ist, hat er sich noch nicht voll und ganz mit der neuen Rolle identifizieren können. Und auch seitens des Teams gibt es noch Widerstände zu überwinden, bevor alle Mitarbeiter den Kollegen als Führungskraft akzeptieren.

Das Veränderungsprojekt in unserem Beispiel: Der Shop-Floor-Manager steht vor dem Problem, dass im Maschinenpark erhebliche Pufferbestände existieren. Diese wurden bislang gehalten, um Maschinenstillstände zu kompensieren, die durch Störungen oder lange Rüstzeiten entstehen. Eine Analyse ergibt: So kommt es zu hohen Kapitalbindungskosten. Das eigentliche Problem aber ist, dazu zu gelangen, dass es erst gar nicht zu Maschinenstillständen kommt. Gelingt dies, ist die Vorhaltung von Pufferbeständen nicht notwendig.

Hermann Huber setzt sich nach Rücksprache mit der Geschäftsleitung das Ziel, gemeinsam mit dem Team die Pufferbestände auf Null zu fahren. Als er dem Team dieses Ziel kommuniziert, reagieren einige von Ihnen zunächst mit großer Skepsis, ja sogar ernsthaften Befürchtungen. An den auch emotional gefärbten Aussagen der Mitarbeiter merkt der Shop-Floor-

Manager, dass es noch kein Bewusstsein für die Nachteile der Verschwendung gibt, die durch hohe Bestände entsteht.

Bevor er also mit den Mitarbeitern an diesem Problem arbeiten kann, muss er dieses Verständnis herbeiführen und die Befürchtungen ausräumen. Dazu nimmt er sich die notwendige Zeit: Er beschließt, die Mitarbeiter in einem ersten Schritt ausreichend über den Ansatz der Verschwendungseliminierung zu informieren und eine kleine Trainingseinheit zu den Verschwendungsarten zu organisieren. Die Mitarbeiter sollen in die Lage versetzt werden, Optimierungspotenziale zu erkennen und zu nutzen. Erst danach beginnt er, das Problem der Pufferbestände systematisch anzugehen. Dazu ist es notwendig, die Gründe für Maschinenstillstände gründlich zu analysieren und an das Team zu kommunizieren. Nach und nach überzeugt er das Team von der Notwendigkeit, den Veränderungsprozess zu akzeptieren und aktiv zu begleiten.

Was können die Mitarbeiter dazu beitragen, die Bestände zu verringern, um das Ziel „Null Puffer" zu erreichen? Klar ist, dass die Mitarbeiter dazu alte Ablaufgewohnheiten aufgeben müssen. Eine Reduzierung von Maschinenstillständen durch Rüstzeiten bedeutet, dass ein neuer Prozess erarbeitet werden muss, bei dem kleinere Losgrößen erreicht werden – dann können auch Lager- und Pufferbestände reduziert werden. Dazu muss ein neuer und besserer Standard erarbeitet werden – und die Beteiligten müssen bisherige Verhaltensweisen aufgeben und neue aufbauen.

Das heißt: Nur wenn die Mitarbeiter bereit sind, ihre Handlungen entsprechend des neuen Prozesses zu verändern, kann das langfristige Ziel erreicht werden. Hermann Huber gelingt dies, indem er die Mitarbeiter an der Prozessoptimierung beteiligt.

 **Stopp, liebes Autorenteam, ich habe da mal eine Frage!**
Ein sehr komplexes Fallbeispiel. Welche Rückschlüsse sind daraus zu ziehen?
Oft sind die Veränderungsprozesse in den Unternehmen, mit denen wir zusammenarbeiten, noch viel komplexer. Das Beispiel deutet jedoch die meisten der Problemstellungen an, die so gut wie jeden Veränderungsprozess in einer Produktionshalle begleiten. Deutlich wird vor allem, wie wichtig es ist, die beteiligten Menschen mit ins Veränderungsboot zu lotsen. Wir möchten das Fallbeispiel nutzen, einige Gesetzmäßigkeiten darzustellen, die zu gelungenen Veränderungsprozessen und einem effektiven Change-Management führen.

11.2 Sieben Gesetzmäßigkeiten für gelungene Veränderungsprozesse in der Produktionshalle

Jeder Veränderungsprozess läuft anders ab – denn es sind Menschen beteiligt. Trotzdem lassen sich einige Gesetzmäßigkeiten erkennen. Wer sie kennt und berücksichtigt, erhöht die Wahrscheinlichkeit, Veränderungen erfolgreich durchzuführen.

Gesetzmäßigkeit 1: Die eigene Einstellung überprüfen

Jede Führungskraft – nicht nur Hermann Huber – muss prüfen, inwiefern sie selbst zur Veränderung bereit ist. Huber muss die Bereitschaft mitbringen, die neue Führungsphilosophie des Shop-Floor-Managements zu leben. Nur wenn er selbst eine ausgeprägte Veränderungsmentalität an den Tag legt, kann er dies auch von seinem Team erwarten und als Vorbild dafür dienen, wie man den angesprochenen Veränderungsprozess „Null Pufferzeiten" aktiv angeht. Nur dann kann er zum Regisseur des Veränderungsprozesses werden, zum Change-Agent, der als „Motor des Veränderungsgeschehens" auftritt.

Der italienische Schriftsteller Guiseppe Tomasi di Lampedusa hat einmal gesagt: „Wenn wir wollen, dass alles so bleibt, wie es ist, dann ist es nötig, dass sich alles verändert." Und darum gehört es zu den wichtigsten Aufgaben des Change-Agenten Hermann Huber, in Teamsitzungen und Einzelgesprächen als Mentor des Neuen die Beharrungskräfte zu überwinden und die Veränderungsbereitschaft zu fördern.

Gesetzmäßigkeit 2: Betroffene zu Beteiligten machen

Das Huber-Beispiel hat gezeigt: Der Grundsatz besteht darin, die Beteiligten zu Betroffenen zu machen. Dies gelingt zum Beispiel in Teamsitzungen, in denen der Shop-Floor-Manager die Mitarbeiter die Notwendigkeit und den Nutzen des Veränderungsprozesses selbst reflektieren lässt. Hermann Huber kann jeden Mitarbeiter auffordern, einen – zum Beispiel – Zweiminutenvortrag zu halten, in dem dieser seine Einstellung zum Veränderungsprozess vorstellt und die Frage beantwortet, welche Konsequenzen es für ihn persönlich hat, wenn diese Veränderung einerseits durchgeführt wird – andererseits aber doch nicht.

Der „Hintergedanken" dabei: Der Mitarbeiter erkennt eigenständig, welchen Nutzen der Prozess für ihn hat. Bedenken lösen sich auf oder werden zumindest relativiert. In dem Beispielfall ist es Hermann Huber so gelungen, das Bewusstsein zu wecken, Verschwendungsbereiche zu erkennen und zu bekämpfen.

> **Merke**
>
> Der Königsweg besteht darin, die Mitarbeiter, wo immer möglich, auf die Veränderung Einfluss nehmen zu lassen und sie in die Prozesse aktiv einzubinden. Der Shop-Floor-Manager darf nicht davor zurückschrecken, die Nachteile zu benennen, die eintreten, wenn die Veränderung unterbleibt. Dies geschieht nicht, um Druck auszuüben. Es gehört vielmehr zu einer ehrlichen Informations- und Kommunikationspolitik, dem Team alle Facetten des Veränderungsprozesses aufzuzeigen.

Gesetzmäßigkeit 3: Veränderungsprozesse laufen in Phasen ab

Um Change-Projekte angemessen begleiten zu können, sollte der Shop-Floor-Manager wissen, in welcher Phase des Veränderungsprozesses sich Projekt und Team befinden. So kann er die für jede Phase richtigen Schritte einleiten.

Ein bewährtes Phasenmodell – Abbildung 24 gibt einen Überblick – ist das von James Prochaska, John Norcross und Carlo DiClemente. Ihr Modell geht davon aus, dass eine Veränderung nicht linear verläuft, sondern einem spiralförmigen Muster folgt. Entscheidend ist: Rückfälle werden dabei als normal angesehen – sie gehören zum Veränderungsprozess dazu.

Was bedeuten die einzelnen Phasen? In der Phase der Prä-Erwägung ist sich der Betroffene nicht bewusst, dass eine Veränderung nötig ist oder die Dinge auch anders sein könnten. Die klare Kommunikation durch die Führungskräfte über die geplante Veränderung ist unerlässlich – auch durch den Shop-Floor-Manager Hermann Huber.

In der Erwägungs-Phase sind sich die Betroffenen bewusst, dass der jetzige Zustand nicht zufriedenstellend ist. Argumente für und gegen eine Veränderung werden gegeneinander abgewogen. Falls die Vorteile gegenüber den

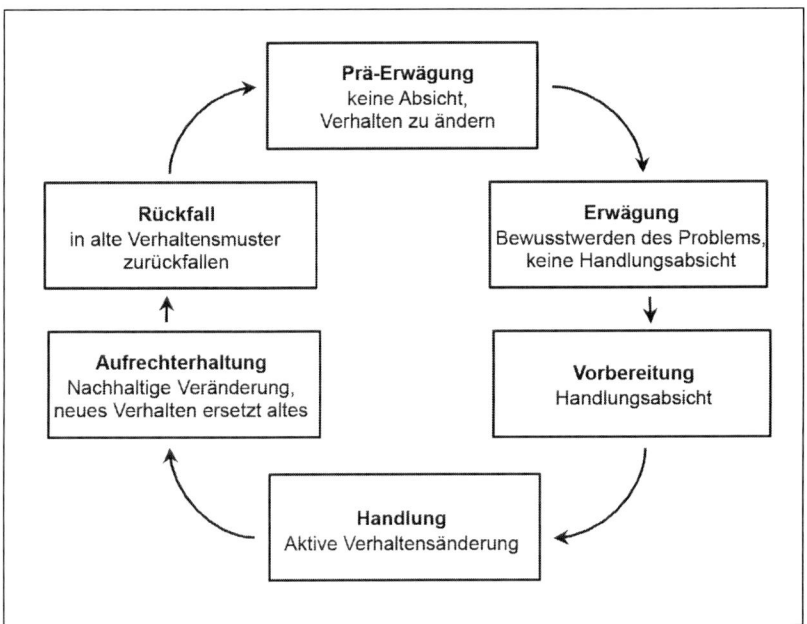

Abbildung 24: Phasen eines Veränderungsprozesses. Quelle: Prochaska, James; Norcross, John; DiClemente, Carlo: Changing for Good

Risiken überwiegen und die Betroffenen glauben, dass eine Verhaltensänderung zum gewünschten Ziel führen wird, kann die nächste Phase beginnen. Die Aufgabe der Führungskräfte besteht hauptsächlich darin, gute Argumente für die Veränderung zu finden, Gegenargumente zu entschärfen und negativen Reaktionen argumentativ zu begegnen.

Die konkrete Planung der Veränderung und das Sammeln von wichtigen Informationen werden in der Phase „Vorbereitung" in Angriff genommen. Die Planung muss realistisch, umfassend und detailliert genug sein, um weitreichende Konsequenzen und Nebenwirkungen der Veränderung so weit wie möglich zu berücksichtigen. Wichtig ist, dass auf allen Hierarchieebenen Change-Anhänger gewonnen werden.

In der Handlungs-Phase werden die Veränderung eingeführt und die Verhaltensweisen entsprechend verändert. Neues zu lernen bedeutet, Zeit und Aufwand zu investieren. Fehler sind hier nicht zu vermeiden. Deshalb sollten die Führungskräfte den Mitarbeitern Zeit geben, um sich an den neuen Prozess zu gewöhnen. Jeder Fortschritt des Prozesses wird durch wertschätzendes Lob anerkannt.

Schließlich wird in der Phase „Aufrechterhaltung" das neue Verhalten konsistent und nachhaltig umgesetzt. Aufgabe der Führungskräfte ist es, den Prozessfortschritt aufrechtzuerhalten und notwendige Anpassungen zu unterstützen. Das produktive Feedback durch die Führungskräfte ist für die Mitarbeiter in dieser Phase besonders wichtig, damit sie nicht wieder in die alten Gewohnheiten und Verhaltensweisen zurückfallen.

Lassen sich die Verhaltensänderungen nicht aufrechterhalten, kann es zu einem Rückfall in jede der vorherigen Phasen kommen. Rückschritte werden in diesem Modell jedoch nicht als etwas Negatives gesehen, da wichtige Erkenntnisse daraus gewonnen und genutzt werden können, um nicht zweimal denselben Fehler zu machen.

Gesetzmäßigkeit 4: Dem Veränderungsprozess Zeit geben

In dem Beispielfall war Hermann Huber klar: Den beteiligten Menschen muss Zeit gegeben werden, sich mit den Folgen des Veränderungsprozesses auseinanderzusetzen. Darum hält der Shop-Floor-Manager die Balance zwischen Stabilität und Veränderung. Den Boden dafür bereitet er, indem er die im Unternehmen bereits vorhandenen Ansatzpunkte identifiziert und auf diesen aufbaut. Das heißt: Er betont zum einen, dass der Veränderungsprozess zumindest an der einen oder anderen Stelle an Bewährtem anknüpft. Das nimmt den Menschen die Angst.

Zum anderen erinnert der Shop-Floor-Manager die Menschen an Veränderungssituationen, die sie in der Vergangenheit erfolgreich bewältigt haben.

> **Merke**
>
> Die Initialzündung für Veränderungsbereitschaft beginnt im Kopf – notwendig ist die Konzentration auf Situationen, in denen vergleichbare Herausforderungen gemeistert werden konnten. So lassen sich die brachliegenden Veränderungskräfte mobilisieren.

Gesetzmäßigkeit 5: Widerstände als Herausforderung ansehen

Widerstand ist eine unerlässliche Begleitmusik jedes Veränderungsprozesses. Wer es versteht, jene Widerstandskräfte produktiv zu nutzen, wird von seinen Mitarbeitern letztendlich die überzeugte und begeisterte Zustimmung zur Veränderung erhalten.

Dazu benötigt der Shop-Floor-Manager seine Führungskompetenz: Er stellt erst einmal fest, welcher Art der Widerstand ist und wie er sich konkret äußert: zum Beispiel in Kritik, Nörgelei oder gar Arbeitsverweigerung. Danach findet er heraus, welches Motiv der Grund für den Widerstand ist: etwa Angst vor Verlust von Einfluss, vor Überforderung, vor der Neuerung oder vor der Veränderung an sich.

Jetzt muss er nicht den Widerstand (etwa die Kritik, die Nörgelei) bearbeiten, sondern das entscheidende Motiv: etwa durch Aufklärung über die Notwendigkeit der Veränderung. Danach fordert er vom „Widerständler" konstruktive Verbesserungsvorschläge ein, beteiligt ihn also aktiv am Veränderungsprozess.

Widerstand kann auch aufgebrochen werden, indem der Shop-Floor-Manager einflussreiche Personen auf allen Hierarchieebenen überzeugt und zu Verbündeten macht – diese unterstützen ihn dann, Mitarbeiter, die den Veränderungsprozess ablehnen, doch noch zu gewinnen.

Gesetzmäßigkeit 6: Emotionen im Veränderungsprozess ernst nehmen

Immer wieder zeigt sich: Es genügt nicht, die Menschen auf der rationalen Ebene von der Notwendigkeit eines Veränderungsprozesses zu überzeugen – Gefühle sind Tatsachen. Der Shop-Floor-Manager darf daher keinesfalls die emotionale Bedeutung und Wirkung unterschätzen, die selbst kleine Veränderungen auf die Mitarbeiter haben können.

Er muss diese Ängste ernst nehmen und Sicherheit und Vertrauen schaffen. Darum verdeutlicht er, dass es normal ist, wenn zu Beginn des Veränderungsprozesses Fehler passieren. Er stärkt das Selbstwertgefühl der Menschen, indem er ihnen Erfolgserlebnisse ermöglicht und diese gebührend hervorhebt.

Gesetzmäßigkeit 7: Strukturiertes Change-Management einführen

Alle genannten Gesetzmäßigkeiten fließen idealerweise in ein professionelles Change-Management ein – die Abbildung 25 zeigt die wichtigsten Aspekte.

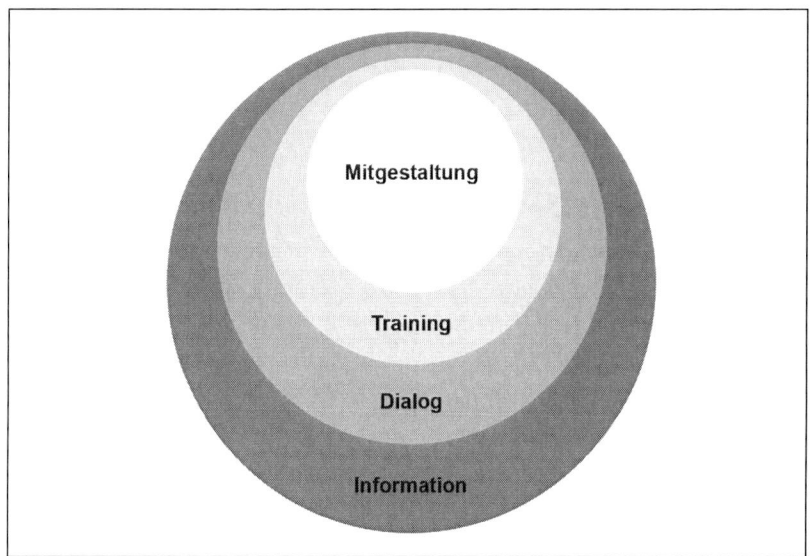

Abbildung 25: Change-Management-Modell der PTA

Information ist alles: Transparenz und Akzeptanz schaffen

Wir erinnern uns: Zu Beginn eines Veränderungsprozesses sind die Beteiligten noch „nur Betroffene". Die Informationsphase dient dazu, die Gründe für die geplante Neuerung klar an alle betroffenen Mitarbeiter und Führungskräfte zu kommunizieren, die Vorzüge hervorzuheben, überzeugende Argumente zu finden und Anreize, Akzeptanz und Transparenz zu schaffen.

Es muss das Verständnis dafür geweckt werden, weshalb die Veränderung notwendig, sinnvoll und wünschenswert ist. Zugleich erfahren alle Betroffenen, welche Schritte die Veränderung umfasst und welche Ziele bis wann nachprüfbar und messbar erreicht werden sollen.

Der Informationsprozess endet nicht mit der Einführung der geplanten Änderungen, sondern läuft über den gesamten Prozess kontinuierlich weiter. Er umfasst jede Anpassung sowie das Feedback über den Fortschritt und die Verhaltensweisen, mit denen jeder zum Veränderungsprozess beiträgt.

Konstruktiven Dialog führen: Überzeugen statt vorschreiben
Nachdem die Mitarbeiter umfassend über die Veränderung informiert wurden, müssen sie Gelegenheit haben, ihre Meinung zu äußern. Führungskräfte suchen den Dialog, indem sie:

- Reaktionen und Feedback einholen und dieses offen diskutieren,
- offen sind für Fragen und Kritik,
- zuhören und deutlich machen, dass Bedenken und Ängste ernst genommen werden,
- die Gründe für Widerstände hinterfragen,
- die stabilen, sich gleichbleibenden und damit Sicherheit bietenden Aspekte der Situation betonen,
- überzeugen statt vorschreiben,
- Zugeständnisse machen und
- Entscheidungsträger für die Sache gewinnen und Unterstützung einholen.

Stopp, liebes Autorenteam, ich habe da mal eine Frage!
Vermutlich ist es am schwierigsten, die Bewahrertypen, die sicherheitsorientiert denken, von der Notwendigkeit der Veränderung zu überzeugen?
Ja. Aber der Dialog gibt gerade den Bedenkenträgern die Möglichkeit, ihre Vorbehalte zu artikulieren. Wenn es dann gelingt, die Bedenken zu nutzen, um den Veränderungsprozess zu verbessern, können sich auch die Bewahrertypen als Treiber der Veränderung sehen und Verantwortung übernehmen.

Bitte, geht es nicht etwas konkreter?
Bei der Gruppe der Bewahrer prüft der Shop-Floor-Manager, ob durch unterstützende Maßnahmen die Veränderungsbereitschaft gestärkt oder geweckt werden kann. In Einzelgesprächen kann er die Glaubenssätze der Bewahrer wie etwa „Halte am Bewährten um jeden Preis fest" diskutieren und aufzubrechen versuchen. Zudem kann er Zweier-Teams bilden, in denen jeweils ein Bewahrer und ein Veränderer sitzen. Vielleicht lässt sich der Bewahrertypus von dem Feuer der Begeisterung ein wenig anstecken, sieht die Notwendigkeit des Veränderungsprozesses ein und lässt sich doch noch zur aktiven Mitarbeit bewegen. Am wichtigsten aber ist: Der Shop-Floor-Manager steht in der Verantwortung, sich intelligente Möglichkeiten zu überlegen, wie er die Beharrungskräfte der Mitarbeiter kreativ-produktiv für den Veränderungsprozess nutzen kann. Ganz wichtig ist: Zuweilen tut es Veränderungsprozessen ganz gut, wenn jemand auf die Schwachpunkte hinweist und argumentiert, dass das Bewährte nicht automatisch das Veraltete sein muss. Der kritische Blick des Bewahrers, ob es nicht doch Abläufe oder Arbeitsprozesse gibt, die von der Veränderung ausgenommen werden sollten, lohnt sich durchaus.

Nicht nur reden – auch trainieren: Notwendige Fähigkeiten vermitteln

Das Training dient dazu, die Betroffenen handlungsfähig zu machen und ihre Angst vor der Veränderung zu reduzieren. Dies geschieht dadurch, dass man ihnen die notwendigen Fertigkeiten vermittelt, um die Herausforderungen und die neue Situation zu meistern. Die Veränderung wird als Lernziel definiert.

Darüber hinaus hilft ein Training in Themen wie Projektmanagement, Kommunikation, Führung, Problemlösen und Umgang mit Konflikten den Mitarbeitern, aber auch den Führungskräften dabei, die Veränderung erfolgreich zu bewältigen.

Mitgestaltung erhöht Veränderungsbereitschaft: Identifikation durch Beteiligung

Der letzte Schritt hat zum Ziel, Mitarbeiter zur aktiven Teilnahme zu bewegen, Verantwortung für die Veränderung zu übernehmen und Eigeninitiative zu entwickeln. Wenn Menschen die Gelegenheit haben, bei einem Projekt mitzureden, erhöht dies automatisch ihr Interesse daran und auch ihre Motivation. Aktiv mitgestalten zu können, beugt der Angst vor Kontrollverlust vor und zeigt den Mitarbeitern, dass ihre Meinung wertgeschätzt wird.

Jetzt greift Gesetzmäßigkeit 2 endgültig: Betroffene werden zu Beteiligten.

Fazit: Die Kernbotschaften des elften Kapitels

- Die Fähigkeit, sich verändern und anpassen zu können, ist für Unternehmen ein zentraler Faktor, um sich in den rasant verändernden globalen Märkten zu behaupten. Veränderung birgt jedoch Risiken. Mitarbeiter empfinden die damit verbundene Unsicherheit daher oft als bedrohlich.
- Entscheidend ist, dass die Betroffenen zu aktiven Beteiligten und Trägern des Veränderungsprozesses werden und von der Notwendigkeit der Veränderung überzeugt sind. Dann sind sie bereit, den Prozess mitzutragen und mitzugestalten. Also: Der Shop-Floor-Manager sollte den Mitarbeitern, wo immer möglich, die Gelegenheit eröffnen, sich aktiv einzuklinken und Einfluss auf die Veränderung zu nehmen.
- Führungskräfte und Shop-Floor-Manager tragen als Change-Agents zum Gelingen des Veränderungsprozesses bei, indem sie den Nutzen der Veränderung erläutern.
- Je nachdem, in welcher Phase ein Veränderungsprojekt steht, wird eine andere Form der Unterstützung und Führung durch die Führungskräfte notwendig.

Ausblick auf Teil D: In den nächsten Kapiteln lernen Sie die entscheidende Aufgabe des Shop-Floor-Managements und des Shop-Floor-Managers kennen: Die Arbeitsprozesse und die (Arbeitsleistungen der) Menschen in der Produktionshalle sollen sich kontinuierlich verbessern.

Teil D:
Verbesserungsmanagement:
Mit Shop-Floor-Management zur ständigen Weiterentwicklung

12.
Mitarbeiter in einer wertschätzenden Vertrauenskultur zu Verbesserungsexperten entwickeln

> **Was Sie in diesem Kapitel erfahren**
>
> - Wir beschreiben das Herzstück des Shop-Floor-Managements: die kontinuierliche Verbesserung.
> - Sie lernen Strategien und Methoden kennen, wie der Shop-Floor-Manager Probleme gemeinsam mit seinen Mitarbeitern nachhaltig löst und so kontinuierliche Verbesserungsprozesse in Gang setzt.
> - Verbesserungspotenziale liegen meistens im Bereich der Verschwendungsarten brach.
> - Sie erfahren, wie Sie den PDCA-Kreislauf nutzen, um zu Verbesserungen zu gelangen.

12.1 Verbesserungskultur als Bestandteil der Unternehmensphilosophie

Es wurde bereits dargestellt, dass eine der wichtigsten Aufgaben des Shop-Floor-Managers darin besteht, Verbesserungsprozesse anzustoßen und durchzuführen. Hauptziel des Shop-Floor-Managements ist es, die Produktionshalle zu einer Geburtsstätte kreativer und innovativer Ideen zu entwickeln. Mithilfe der wertschätzenden Führung und dem Aufbau einer Vertrauenskultur ist es für die Führungskräfte so möglich, einen Beitrag auf dem Weg zum lernenden Unternehmen zu leisten.

Das 4P-Modell: Basis der Führungs- und Verbesserungskultur

Basis einer Führungs- und Verbesserungskultur ist das 4-P-Modell von Toyota, das in der Abbildung 26 visualisiert ist.

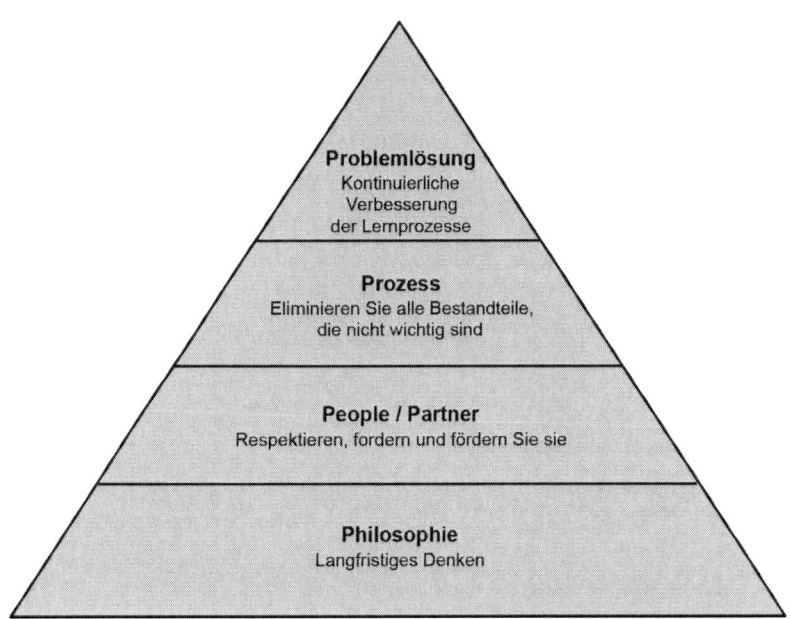

Abbildung 26: Das 4-P-Modell von Toyota. Quelle: Liker, Jeffery K.: The Toyota Way

Die Grundlage bildet die Philosophie eines Unternehmens. Effektiv-produktives Verbesserungsmanagement entsteht nicht in der Produktionshalle oder gar im Team selbst, sondern muss Bestandteil der Unternehmenskultur sein. Mit anderen Worten: Konkrete Verbesserungen lassen sich nur realisieren, wenn der Wille zur ständigen Verbesserung in den Unternehmenszielsetzungen festgeschrieben ist.

Das Unternehmen sollte bereit sein, sich permanent und konsequent weiterzuentwickeln und auch in wirtschaftlich schlechten Zeiten am Thema Verbesserungen zu arbeiten. Denn letztendlich sind Verbesserungen dazu da, die Geschäftsziele des Unternehmens – doch noch – zu erreichen.

Wer sind die Träger des Verbesserungsprozesses? Das sind die Menschen, die für die Firma tätig sind und zu deren Zielen es auch gehört, aus den unterschiedlichsten Motiven heraus ihr Bestes für ihren Arbeitgeber, für ihr Unternehmen zu geben. Verbesserungsmanagement ist „People Management". Ein positives Menschenbild ist Teil der Unternehmensphilosophie und wird im Führungsverhalten gelebt, indem die Führungskräfte ihren Mitarbeitern Wertschätzung entgegenbringen und ihnen Verantwortung übergeben. Im Alltag werden Mitarbeiter durch ihre Führungskraft entwickelt, trainiert, gefordert und beteiligt. Führungskräfte stiften Sinn im alltäglichen Handeln.

Stopp, liebes Autorenteam, ich habe da mal eine Anmerkung!
Hier wird für mich der Zusammenhang zum Shop-Floor-Management deutlich. Die wertschätzende Führung vor Ort muss in der Unternehmenskultur und den Unternehmenszielsetzungen verankert sein.

Ja, danke für diese Anmerkung! Wir möchten es so ausdrücken: Shop-Floor-Management benötigt eine Unternehmenskultur, in der Ideen gedeihen dürfen. Umgekehrt trägt es zur Entstehung eben dieser Unternehmenskultur bei. Und bei der Shop-Floor-Management-Philosophie sind Mitarbeiter vor allem eines – die Träger von Kompetenzen und die Quelle von Innovationen und Verbesserungen. Denn das Einzige, was der Wettbewerb nicht kopieren kann, sind kompetente und engagierte Mitarbeiter.

Dann sollte ein Shop-Floor-Manager also feststellen, wie es mit der Verbesserungsenergie und Innovationskraft seiner Mitarbeiter ausschaut?
Richtig. Und Ansatzpunkte für die Analyse sind zum Beispiel die Bereiche Mitarbeiterzufriedenheit und Weiterbildungsbereitschaft. Zufriedene Mitarbeiter, die sich ständig weiterbilden wollen, sind meistens die Hauptträger innovativer Verbesserungsprozesse.

Kommen wir zur dritten Ebene des 4-P-Modells. Dort stehen die Prozesse, entlang derer das Unternehmen ausgerichtet ist. Ziel ist, nicht-werthaltige Bestandteile im Prozess zu beseitigen und sinnvolle Vorgehensweisen für die Prozesse zu definieren. Jeder Prozess und jeder Prozessschritt werden daraufhin abgeklopft, ob er zur Wertschöpfungskette beiträgt oder nicht.

Die Spitze des Modells bildet darum die Ebene „Problemlösung" – sie ist das Kernstück jeder Verbesserung. Ziel ist, dass jeder Mitarbeiter jeden Tag die auftretenden Probleme erkennt, kommuniziert, analysiert und nachhaltig auflöst.

Kontinuierliche Verbesserungsprozesse in der Produktionshalle in Gang setzen

Der kontinuierliche Verbesserungsprozess (KVP) ist also das Herzstück des Shop-Floor-Managements. KVP basiert auf der japanischen Philosophie Kaizen. „Kai" bedeutet Veränderung und „Zen" zum Besseren. Bekannt wurde die Philosophie vor allem durch das Toyota-Produktionssystem, in dem der Fokus auf der kontinuierlichen Verbesserung von Prozessen in der Massenproduktion liegt. KVP ist also eine Haltung, eine Einstellung, eine Willensbekundung zur ständigen Qualitätsverbesserung. Zugleich jedoch beschreibt KVP eine Vorgehensweise.

Ein Beispiel verdeutlicht dies – eine Vision bei Toyota lautet: hundertprozentige Wertschöpfung. Diese Vision hat Auswirkungen auf so gut wie jeden Prozess und Arbeitsschritt. Um die Vision zu verwirklichen, wird für einen Prozess ein Sollzustand definiert und mit dem Istzustand abgeglichen. So können Lücken festgestellt werden, die sich mithilfe entsprechender Maßnahmen schließen lassen. Gearbeitet wird mit möglichst konkreten Messgrößen.

Nehmen wir den Prozess „Abstellen von Störungen an einer Linie". Der Shop-Floor-Manager nimmt gemeinsam mit ausgewählten Mitarbeitern und eventuell auch Mitarbeitern aus anderen Abteilungen diesen Produktionsprozess unter die Lupe. Gemeinsam suchen sie nach Ursachen und analysieren diese. Anschließend überlegen sie sich mögliche Lösungen zur Erreichung des Zielzustandes (Sollzustand) und erarbeiten einen Standard. Dieser Standard wird erprobt. Bewährt er sich, schult der Shop-Floor-Manager seine Mitarbeiter in der Anwendung des Standards.

Dabei überwacht er die Einhaltung des Standards. Nimmt er Abweichungen wahr, geht er ihnen sofort nach, indem er seine Mitarbeiter dazu befragt, sie also in die Analyse der Ursachen einbezieht. Das heißt: Der Shop-Floor-Manager fungiert als Verbesserungsmanager, der das Verbesserungsdenken der Mitarbeiter fördert. So findet eine Verbesserung im Prozess statt – der angestrebte Sollzustand wird erreicht.

Aufgabe des Shop-Floor-Manager ist es, dafür Sorge zu tragen, dass der in der Unternehmensphilosophie verankerte Verbesserungsgedanke von allen Mitarbeitern verinnerlicht und gelebt werden kann. Denn weder Kaizen noch KVP sind Selbstläufer.

> **Merke**
>
> Nur wenn das Management und die Shop-Floor-Manager, nur wenn alle Führungskräfte es den Mitarbeitern zutrauen, den Verbesserungsgedanken zu leben und in konkreten Verbesserungsprozessen zu verwirklichen, sind Kaizen und KVP möglich. Ebenso wichtig ist, dass die Mitarbeiter von der Sinnhaftigkeit und Notwendigkeit der Verbesserungsprozesse zutiefst überzeugt sind. Dann werden sie den Verbesserungsgedanken leben und sich dafür engagieren.

Vertrauenskultur als Voraussetzung für Verbesserungswillen

Eine entscheidende Rolle in diesem Zusammenhang spielt die in Kapitel 6 angesprochene Vertrauenskultur. Mitarbeiter bringen Ideen nur ein oder arbeiten nur dann am Verbesserungsprozess mit, wenn es eine Kultur des Vertrauens gibt. Es gehört zu den Aufgaben des Shop-Floor-Managers, diese Vertrauenskultur aufzubauen. Dazu sind ein konstruktiver Umgang mit Konflikten und eine Feedback-Kultur notwendig.

Jede Führungskraft sucht dazu den intensiven kommunikativen Austausch mit den Mitarbeitern, akzeptiert einen Fehler als Chance, es beim nächsten Mal besser zu machen, stößt also Verbesserungsprozesse an und bringt zum Ausdruck, dass sie die Arbeit ihrer Mitarbeiter grundsätzlich wertschätzt. So baut sich Schritt für Schritt ein Vertrauensverhältnis auf.

Klar ist: Insbesondere der Shop-Floor-Manager, der jeden Tag mit den Mitarbeitern hautnah im Team zusammenarbeitet, kann für die Teammitglieder einen Rahmen schaffen, in welchem diese ihre Ideen entwickeln und testen dürfen, testen können und testen wollen. Dazu muss er die Ideen und Vorschläge der Mitarbeiter würdigen, also anerkennen und loben, aber auch mithilfe kritisch-produktiven Feedbacks zu verstehen geben, wenn der Verbesserungsvorschlag noch nicht ganz zu Ende gedacht ist oder nicht der Zielerreichung dient.

Dieses ehrliche und offene Feedback trägt dazu bei, dass die Mitarbeiter wissen: „Meine Verbesserungsvorschläge werden ernst genommen und geprüft. Jeder meiner Vorschläge ist ein Denkanstoß und ein Puzzleteil, um das Unternehmen als Ganzes besser zu machen und weiterzuentwickeln. Meine Arbeit ist sinnvoll!"

Beispiel für einen Verbesserungsprozess

Wie schlägt sich der Wille zur Verbesserung in einem konkreten Projekt nieder? Wie läuft das Projekt ab? Dies soll an einem ausführlichen und authentischen Beispiel verdeutlicht werden.

Thema und Teamzusammensetzung
Das Thema lautet: „Wir benötigen Sicherheitsabsperrungen, die das Unterfahren von Förderbandanlagen verhindern." Zur Lösung des Problems wird ein Team eingesetzt, in dem neben dem Shop-Floor-Manager zwei Mitarbeiter sitzen, die für die Bandsammelpunkte zuständig sind. Hinzu kommen ein Mitarbeiter aus der Kolonne, zwei Schichtleiter, ein Techniker und ein Arbeitssicherheitsbeauftragter sowie ein Vertreter des Betriebsrats.

Ist- und Sollzustand und Messgrößen
Der Istzustand stellt sich folgendermaßen dar:
- Unberechtigte Unterfahrungen an Bandstationen
- Beschädigung von vorhandenen Absperrungen, insbesondere bei Bandsammelpunkten
- Arbeitssicherheit durch nicht erkennbare Absperrung nicht immer gewährleistet
- Nach Rückarbeiten ist die Montage der Absperrungen nicht gewährleistet
- Wenn eine Reparatur nach einer Beschädigung notwendig ist, ist diese sehr aufwendig

Der angestrebte Sollzustand lautet: Ziel sind kostengünstige, einfach zu montierende Absperrungen zur Verhinderung der Unterfahrung der Bandsammelpunkte, wobei zugleich die Arbeitssicherheit gewährleistet ist.

Messgrößen sind die Arbeitssicherheit, die Kosten, die durch die Reparatur der Absperrungen entstehen, und die Akzeptanz seitens der Belegschaft.

Die Vorgehensweise

- Absprache mit übergeordneter Führungsebene: Rahmenbedingungen besprechen, Auswahl der Projektteammitglieder abstimmen
- Persönliche Ansprache der Teammitglieder: Es geht um das Thema … Ich hätte dich gerne dabei, weil …" (Anmerkung: Von Anfang an wird die persönliche Wertschätzung deutlich)
- Termin finden und Einladungen verschicken; Organisatorisches

Startsitzung (Projektteamsitzung 1)
- Begrüßung, Agenda vorstellen, Arbeitsweise besprechen, Regeln für die Arbeitsweise im Team
- Einstieg ins Verbesserungsprojekt: Jeder stellt kurz das Problem aus seiner Sicht dar
- Zahlen, Daten, Fakten zum Problem vorstellen, zum Beispiel entstandene Kosten durch die Beschädigung der Absperrungen
- Brainstorming zur Ursachenfindung: am Flipchart, mit Karten oder über Beamer. Ziel: Problemursache gemeinsam herausarbeiten
- Zusammenfassung durch Shop-Floor-Manager
- Terminvereinbarungen treffen
- Feedback-Runde: „Wie war das heute für euch? Was können wir beim nächsten Mal etwas anders machen?"

Hausaufgabe: Jeder überlegt sich mögliche Lösungsideen
- Protokoll verschicken: Wer macht was bis wann?
- Kurze Absprache mit übergeordneter Führungsebene
- Nachfrage durch Shop-Floor-Manager bei Teammitgliedern: „Hast du dir schon Gedanken gemacht? Kann ich dich noch unterstützen?"

Projektteamsitzung 2
- Beschreibung des Verbesserungsprojekt mit den Teammitgliedern gemeinsam verabschieden
- Jeder stellt Lösungsideen vor; Ideen besprechen und zusammenfassen

- Vereinbarung eines Bewertungsschemas, etwa Arbeitssicherheit, Kosten; Bewertung der Lösungsideen
- Die besten drei bis vier Ideen filtern und gegenüberstellen; Ausarbeitung als Hausaufgabe

Projektteamsitzung 3
- Ideen nebeneinanderstellen und priorisieren
- Entscheidung für eine/mehrere Ideen und Abstimmung über die weitere Vorgehensweise; der übergeordneten Führungsebene das Vorgehen vorstellen und entscheiden lassen. Mögliche Lösung: Einsatz von gut gekennzeichneten, reflektierenden, fest installierten Absperrungen in einem Piloten testen
- Genaue Ausarbeitung und Festlegung der Aufgaben: Wer macht während der Pilotphase was? Wie machen wir das? Was ist das Vorgehen? Welcher Teil wird in der Pilotphase getestet? Aktivitätenplan ausfüllen

Umsetzungs- und Checkphase
- Die erarbeitete Lösung wird getestet; Austausch über Umsetzung im Team; gemeinsame Besprechung in einer vierten Projektteamsitzung: „Wie ist die Lösung umgesetzt worden? Wie viele Unterfahrungen gab es am Piloten im Vergleich zur regulären Absperrung? Wie oft wurde eine Absperrung am Piloten im Vergleich zur regulären Absperrung beschädigt? Gibt es Handlungsbedarfe?
- Weiteres Vorgehen vereinbaren und wiederum im Alltag umsetzen

Review aller Beteiligten
- Was haben wir erreicht? Was muss geändert werden? Wie geht es weiter? Erfolge feiern!

Das Ergebnis des Verbesserungsprozesses: neuer Standard

Das Ergebnis am Ende eines Reviews kann sein, dass die neue Absperrlösung eine gute Lösung des Problems darstellt und jetzt in den Prozess integriert werden muss. Das Team und der Shop-Floor-Manager unterstützen die verantwortliche Führungskraft im Bereich bei der Einführung des neuen Standards durch die folgenden Aktivitäten:

- Dokumentation des neuen Standardprozesses
- Information aller Beteiligten über die Neuerung und deren Auswirkungen
- Aufnahme der Lösung in den Prozess: Berücksichtigung beim Rücken oder bei der Wartung
- Plan, um die bisherigen Absperrungen gegen die neuen auszutauschen
- Regelmäßige Überprüfung des Prozesses (zum Beispiel: Funktioniert der Standard noch oder muss er verbessert werden?)

Stopp, liebes Autorenteam, ich habe da mal eine Frage!
Das Beispiel zeigt, wie kommunikativ der Prozess abläuft. Ist Verbesserungsmanagement vor allem Kommunikationsmanagement?

Auf jeden Fall zeigen die zahlreichen Projektteamsitzungen, wie das Potenzial aller Beteiligten genutzt wird, indem sich alle Beteiligten in den Verbesserungsprozess einbringen dürfen und sollen. Der Shop-Floor-Manager steuert den Prozess natürlich, aber als sein wichtigstes Ziel hat er sich auf die Fahne geschrieben, von möglichst vielen Menschen möglichst viele unterschiedliche Ideen einzuholen, um dann im argumentativen Austausch die beste Lösung herauszufiltern. Und dies gelingt eben nicht durch Anweisungen, sondern durch die wertschätzende Beteiligung der Mitarbeiter an den Verbesserungsprozessen.

12.2 Der Shop-Floor-Manager als Motor des Verbesserungsprozesses

Natürlich ist der Shop-Floor-Manager als derjenige, der direkt an der Linie und im Team tätig ist, der Motor der Verbesserungsprozesse. Und darum ist der Einsatz des Shop-Floor-Managers als Optimierer und „Ideenentdecker" vor Ort eine organisatorische Entscheidung, durch welche sich ein Unternehmen Produktionssteigerungen erhofft und sich Nachhaltigkeit in die Prozesse bringen lässt und Verschwendungen abgebaut werden. Damit all dies gelingt, sollte der Shop-Floor-Manager die folgenden Ratschläge berücksichtigen.

Verschwendungsbereiche erkennen und bearbeiten

So mancher Verbesserungsprozess ergibt sich aus der operativ-täglichen Arbeit. Ein Fehler wird entdeckt, der Verbesserungsprozess angestoßen. Aber natürlich können der Shop-Floor-Manager und seine Mitarbeiter proaktiv tätig werden und selbst nach Verbesserungspotenzialen Ausschau halten. Die Erfahrung zeigt, dass der Bereich „Verschwendung" ein besonders ergiebiges Feld ist, um zu Verbesserungen zu gelangen. Bereits in der klassischen Lean-Production-Lehre und bei Toyota spielen das Aufspüren und die Beseitigung von Verschwendung eine dominante Rolle.

Als „Verschwendung" sind alle Tätigkeiten definiert, für die der Kunde nicht bereit ist zu zahlen, und Tätigkeiten, die weder direkt noch indirekt zur Wertschöpfung beitragen. Positiv ausgedrückt: Ziel ist es, die Tätigkeiten, die Wertschöpfung erzeugen und die der Kunde bereit ist zu zahlen, zu optimieren.

Abbildung 27 fasst die sieben Verschwendungsarten zusammen und zeigt Methoden auf, die zur Verbesserung führen.

Die sieben Verschwendungsarten	Präventive Lean-Methoden
Verschwendung durch Überproduktion	Nivellierung und Glättung One-Peace-Flow Mixed-Model-Production
Verschwendung durch Wartezeit	Multi-Machine/Process-Handing Materialfluss im U-Layout SMED Shojinka Andon-Board
Verschwendung durch Transport	Materialfluss Produkt-/Wert-/Prozessorientierung PULL-Steuerung mittels Kanban Just-in-Time-Bereitstellung
Verschwendung durch den Arbeitsprozess	Kaizen Qualitätszirkel Vorschlagswesen
Verschwendung durch hohe Bestände	PULL-Steuerung mittels Kanban Just-in-Time-Bereitstellung Lieferantenankopplung Taktzeit
Verschwendung durch Bewegung	6S-Konzept Standardisierung Adressen und Stellflächen
Verschwendung durch Produktionsfehler	Internes Kunden-Lieferanten-Verhältnis Selbst-/Folgeprüfung Automation Null-Fehler-Methode Poka-Yoke-Mechanismus Band-Stop-System

Abbildung 27: Sieben Verschwendungsarten und Lösungsansätze

Ein Shop-Floor-Manager, der aktiv an der Verwirklichung der Unternehmensziele mitwirken und sich gemeinsam mit seinem Team zum Verbesserungsexperten entwickeln will, kann nun ganz gezielt die Augen offen halten, um Verschwendung zu entdecken. Schließlich werden im Team kreative und innovative Verbesserungsvorschläge erarbeitet und ins Verbesserungsvorschlagswesen des Unternehmens eingespeist.

Mit dieser offensiven Vorgehensweise belegt der Shop-Floor-Manager überdies, dass er es seinen Teammitgliedern zutraut, eigenständig und eigenverantwortlich zu handeln.

PDCA-Kreislauf als systematische Vorgehensweise bei Verbesserungen

Neben dem kritischen Blick auf die Verschwendungsarten sollte der Shop-Floor-Manager tagesaktuelle Ziele und Kennzahlen wie etwa Durchlaufzeiten, Fehlerquoten und Qualitätsparameter als Grundlage nutzen, um Verbesserungspotenziale aufzuspüren. Die Kennzahlen dienen ihm dazu, Abweichungen unmittelbar zu erkennen und die Ursachen zu analysieren. Der PDCA-Kreislauf – siehe dazu die Abbildung 28 und Kapitel 14 – hilft ihm, diese Arbeit zu systematisieren.

In der Planungsphase ist die Wahrnehmung eines Problems mithilfe der Kennzahlen möglich. Sie können sich beispielsweise auf die Durchlaufzeit eines zu produzierenden Teils an einer Station beziehen. Eine genaue Beschreibung hilft, das Ausmaß besser zu erfassen. Der Shop-Floor-Manager und seine Mitarbeiter begeben sich gemeinsam auf die Suche nach den Ursachen, um sinnvolle Maßnahmen abzuleiten. Die Ursachenanalyse kann etwa durch die „5× Warum"-Methode unterstützt werden. Wie die Methode funktioniert, wird in Kapitel 14 dargestellt.

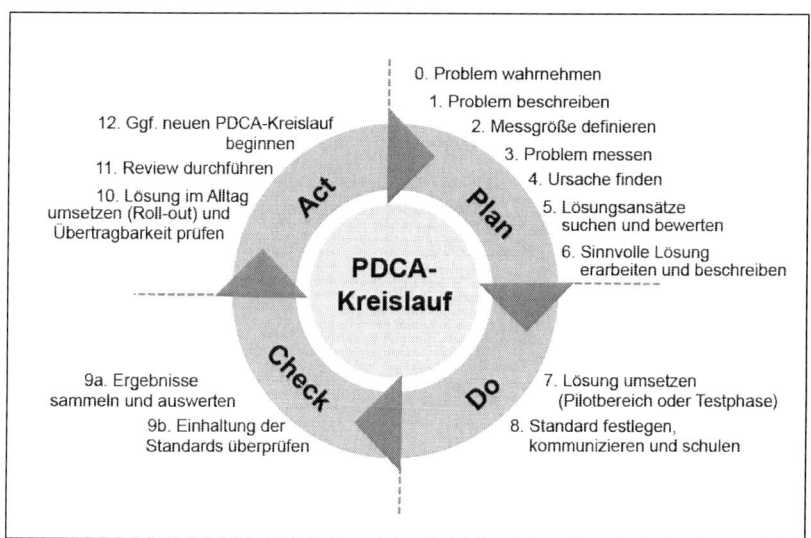

Abbildung 28: Der PDCA-Kreislauf

Die anschließende Suche nach Lösungsideen lässt sich überdies durch die Einbindung mehrerer Mitarbeiter oder durch Einbezug anderer wirksamer Ideen aus der Vergangenheit oder anderer Abteilungen optimieren.

Der Shop-Floor-Manager sorgt durch die Bewertung etwa der Kosten-Nutzen-Relation oder der Umsetzungszeit-Kosten-Relation dafür, dass eine sinnvolle und effektive Lösung gefunden wird. Er hält diese Lösung am Shop-Floor-Board fest. Danach kommt es in einer Pilot- oder Testphase (Do-Phase) zur Umsetzung der Lösung.

In der Check-Phase beobachtet der Shop-Floor-Manager die Auswirkungen der neu implementierten Lösung und ist dafür verantwortlich, vor Ort den neuen Standard zu schulen und zu überprüfen. Nach einem festgelegten Zeitraum wird das Ergebnis überprüft. Abhängig hiervon wird der Standard in der Act-Phase als Lösung in den Alltag übertragen. Aufgabe des Shop-

Floor-Managers ist es jetzt, die neue Lösung als Standard in die Arbeitsanweisungen und Schulungsmaterialien zu übernehmen.

Hinzu kommt: Der Shop-Floor-Manager lädt nach einer festgelegten Zeit die an der Problemlösung beteiligten Personen zum Review ein. Gemeinsam wird die Lösung diskutiert und vielleicht werden Handlungsbedarfe festgestellt. Der PDCA-Kreislauf beginnt dann von Neuem.

Stopp, liebes Autorenteam, ich habe da mal eine Frage!
Ist es nicht sinnvoll für den KVP, diese Lösung auch an die anderen Abteilungen zu kommunizieren?
Auf jeden Fall. Von Vorteil ist, wenn der Shop-Floor-Manager im Unternehmen vernetzt ist und durch regelmäßige Austauschtreffen mit anderen Shop-Floor-Managern oder mit seiner Führungskraft die neue Lösung bekannt macht. So unterstützt und fördert er das gemeinsame Lernen und die Verbreitung von Wissen. Bei entsprechender Unternehmensgröße kann es dann sogar geschehen, dass die Lösung an die anderen Werke weitergegeben wird. Der Verbesserungsvorschlag des Shop-Floor-Managers und seines Teams macht Karriere! Das ist dann wieder eine tolle Bestätigung der eigenen Arbeit und der Shop-Floor-Management-Philosophie.

Zentral ist, dass durch die Arbeit des Shop-Floor-Managers das Problem in einen Prozess übertragen wird, der kontinuierlich weiterläuft. Die Standardisierung bildet eine Voraussetzung für die kontinuierliche Verbesserung. Der durch den Shop-Floor-Manager entwickelte Standard verhindert, dass sich der PDCA-Kreislauf wieder auf ein niedrigeres Niveau hinabbewegt. Zur Sicherung trägt ein Bewertungsverfahren (Audit) bei, das der Shop-Floor-Manager regelmäßig zur Kontrolle des Standards durchführt. Abbildung 29 verdeutlicht den Vorgang, der letztendlich zur kontinuierlichen Höherentwicklung eines Prozesses führt.

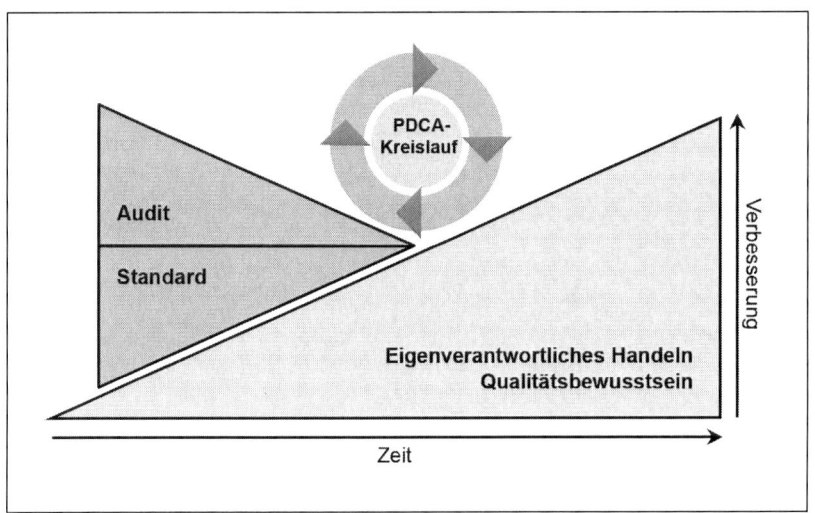

Abbildung 29: Standard als kontinuierliche Verbesserung

Stopp, liebes Autorenteam, ich habe da mal einen Einwand!
Standard – das hört sich für meine Ohren sehr nach Kontrolle an: „Lieber Mitarbeiter, wenn du diese Hürde nicht überspringst, bist du gescheitert."

Im Gegenteil. Standards sind hilfreich, durch Standards erhalten Mitarbeiter eine genaue Vorstellung für ihre Arbeit. Sie empfinden einen Standard meistens als Arbeitserleichterung. Dadurch können sie in sicheren Prozessen arbeiten und sich auf Auffälligkeiten konzentrieren und diese ihrem Shop-Floor-Manager melden. Kein Standard ist in Stein gemeißelt. Im Gegenteil: Der Mitarbeiter soll und kann den Standard nutzen, um zu prüfen, ob dieser noch zeitgemäß ist und Verbesserungsvorschläge unterbreiten. Hinzu kommt: Durch den Standard herrscht Klarheit, wie ein Arbeitsschritt erledigt werden soll. Auch das gibt Sicherheit.

Entscheidend ist das konstante Hinterfragen der Prozesse durch den Shop-Floor-Manager. Diese kritische Haltung lässt ihn zum Garanten der kontinuierlichen Verbesserungsprozesse werden.

Fazit: Die Kernbotschaften des zwölften Kapitels

- Das Verbesserungsmanagement gehört zu den wichtigsten Aufgaben des Shop-Floor-Managers.
- Shop-Floor-Management benötigt eine Unternehmenskultur, in der Ideen gedeihen dürfen. Umgekehrt trägt es zur Entstehung eben dieser Unternehmenskultur bei.
- Die Vorteile für das Unternehmen: Kostenersparnis, motivierte und mitdenkende Mitarbeiter, die das Unternehmen verbessern wollen.
- Indem der Shop-Floor-Manager Vertrauen zu den Mitarbeiten aufbaut und den PDCA-Kreislauf nutzt, entwickelt er sein Team und sich zu Verbesserungsexperten.

13.
Visual Management:
Mit Shop-Floor-Board und effektiver Meetingkultur zur Verbesserung

> **Was Sie in diesem Kapitel erfahren**
>
> - Im Shop-Floor-Management werden alle wichtigen Zahlen, Daten und Fakten visualisiert. Sie lernen das dafür wichtigste Visualisierungstool näher kennen – das Shop-Floor-Board.
> - Am Shop-Floor-Board finden regelmäßig Meetings statt – Sie lesen, was Sie beachten sollten, um zu einer effektiven Meetingkultur in der Produktionshalle zu gelangen.
> - Wir zeigen auf, dass eine effektive Kommunikations- und Meetingstruktur unabdingbar ist für die Arbeit an dem Unternehmensziel, sich ständig zu verbessern.

13.1 Das Shop-Floor-Board als Informationszentrum

Bereits im zweiten Kapitel haben Sie das Shop-Floor-Board kennengelernt: Das Unternehmen Recaro Aircraft Seating GmbH & Co. KG nutzt eine Magnettafel, um über dieses Visualisierungstool Mitarbeiter in kurzen Meetings, die am Board stattfinden, zu informieren, Arbeitsprozesse zu organisieren, Probleme schnell zu erkennen und zu lösen und die Fehlerquote zu reduzieren. Es spielt mithin bei der Etablierung einer Verbesserungskultur eine wichtige Rolle.

Hauptaufgabe: Visualisierung der Informationen

Das Shop-Floor-Board ist ein visuelles Kommunikationshilfsmittel, das zunächst einmal Informationen zum Arbeitsstand des Bereichs liefert und einen elementaren Beitrag zur Identifikation von Problemen leistet. Sein Zweck ist es, eine Gesamtansicht zum Status in einem Arbeitsbereich zu geben.

Das Shop-Floor-Board bietet Information pur. So sind dort beispielsweise Informationen zur Mitarbeiterbelegung, zur Ausbringung, zu den Störzeiten, zu den Qualitätskennzahlen, zur Arbeitssicherheit und zu den aktuellen Problemen und dem Status der Bearbeitung zu finden.

Es liefert zudem Zahlen, um das Produktionsergebnis mit dem gesetzten Plan-Soll abzugleichen. So visualisiert es augenfällig, ob gesetzte Ziele erreicht werden konnten oder nicht. Sinnvoll ist es, bei der Darstellung von Zahlen, Soll- und Istwerten das Ampelprinzip einzusetzen, also bei der Zielerreichung mit grüner Farbe, bei Nichterreichung mit roter Farbe und bei Ergebnissen, die auf die Gefahr der Nichterreichung hinweisen, mit der gelben Farbe zu arbeiten.

Außerdem gibt es Hinweise auf die Ursachen jeder Art von Problemstellung, etwa auf die Gründe, die zu Ausfallzeiten führen. Der Shop-Floor-Manager kann Probleme direkt am Board zusammen mit den Mitarbeitern bearbeiten. Dort wird verzeichnet, wie weit der Prozess der Problembehebung bereits fortgeschritten ist, wer verantwortlich ist, und welche Maßnahmen zur Problemlösung noch anstehen.

Das Shop-Floor-Board wird seinem Status als Informationszentrum vor allem gerecht, weil hier die täglichen Meetings stattfinden. Die Meetingteilnehmer müssen immer auf dem neuesten Stand der Dinge sein – das Shop-Floor-Board liefert die dazu notwendigen Informationen.

Stopp, liebes Autorenteam, ich habe da mal eine Anmerkung!
So wie Sie das Shop-Floor-Board beschreiben, erinnert es mich an die Pinnwand im Konferenzraum.
Ja, das Board lässt sich durchaus mit einer Pinnwand oder einem Flipchart vergleichen, das in einem Besprechungsraum dazu dient, Informationen für die Meetingteilnehmer zu visualisieren. Hier wie dort ist es wichtig, komplexere Sachverhalte so zu visualisieren, dass

sie für jedermann nachvollziehbar sind. Im Rahmen des Verbesserungsmanagements erweist sich überdies die zukunftsgerichtete Funktion des Boards: Dort werden nicht nur Vergleichszahlen aus dem aktuellen Tagesgeschäft festgehalten, sondern auch Ideen, die an der Maschine, in der Linie und auch im Meeting selbst geboren werden. So wird das Informationszentrum zum Ideenzentrum.

Praktische Hinweise zum Board

Es hat sich bewährt, Whiteboards zu verwenden, die mit einem Magnetfeld ausgestattet sind. So können dort auch aktuelle Charts aufgehängt und Informationen mithilfe abwaschbarer Stifte niedergeschrieben werden.

Natürlich sollte eine geeignete Stelle gewählt werden, an der das Shop-Floor-Board aufgestellt wird. Es sollte gut sichtbar für alle sein und im Umfeld genügend Platz bieten, damit eine größere Gruppe um das Board herumstehen und arbeiten kann. Und weil wir uns in einer Produktionshalle befinden, sollte der Standort derart gewählt werden, dass die Lärmbelästigung nicht zu Einschränkungen führt.

13.2 Meetingkultur in der Produktionshalle

Das Shop-Floor-Board ist zugleich ein Kommunikationstreffpunkt: Hier finden Meetings wie zum Beispiel die Frühbesprechung oder das 24-Stunden-Gespräch statt. Es gehört zur Shop-Floor-Management-Philosophie, dass Meetings nicht mehr im Konferenzraum durchgeführt werden, sondern direkt in der Produktionshalle, also vor Ort – dort, wo die Probleme auftreten und gelöst und Verbesserungen durchgeführt werden müssen.

> **Merke**
>
> Das Shop-Floor-Board ist zugleich wichtigstes Visualisierungstool und Symbol für die Meetingkultur vor Ort.

Selbstverständlich gibt es von Unternehmen zu Unternehmen unterschiedliche Regelungen: Entscheidend ist stets, dass Spielregeln für die Meetings festgelegt werden, damit diese möglichst zeitsparend und effektiv ablaufen können.

Nehmen wir das Beispiel der täglichen Frühbesprechungen: Mit ihrer Hilfe ist es möglich, den Grad der Zielerreichung eines Teams in regelmäßigen Abständen zu überprüfen, bei Abweichungen eventuelle Maßnahmen einzuleiten und sich an veränderte Rahmenbedingungen anzupassen. Eine wichtige Fragestellung ist dann etwa: „Was ist in den letzten 24 Stunden passiert? Was wird in den nächsten 24 Stunden passieren?"

Damit diese Besprechungen punktgenau und ohne größere Zeitverzögerungen ablaufen, ist es wichtig, dass sich die Meetingteilnehmer auf die Besprechung vorbereiten. Je nach Thema wissen alle Mitarbeiter, ob von ihnen ein Statement, eine Einschätzung oder ein konstruktiver Problemlösungsvorschlag erwünscht ist.

So werden die Teilnehmer in die Pflicht genommen. Konsumierende Zuhörer entwickeln sich zu aktiven Gestaltern. Ein Beispiel: „TOP ‚Statusbericht' – Herr Müller berichtet über seine im Berichtszeitraum erzielten Ergebnisse. Dauer: maximal drei Minuten". Die Einladung zum Meeting wird so zur Auftragsvergabe.

Die Verantwortlichen, auch der Shop-Floor-Manager, nutzen also alle Möglichkeiten, die Teilnehmer in den Meetingablauf aktiv einzubinden, die Betroffenen zu Beteiligten zu machen und dem Meeting trotzdem eine feste

Struktur zu geben. Denn selbstverständlich ist es kontraproduktiv, wenn das Meeting inhaltlich und zeitlich aus dem Ruder läuft.

Der Shop-Floor-Manager als Meetingexperte

Wichtig ist, dass die Meetings von möglichst kurzer Dauer sind. Eine Dauer von 15 Minuten hat sich bewährt. In dieser Zeit sollte es gelingen, alle wichtigen Informationen auszutauschen. Hinzu kommt ein ganz pragmatischer Grund: Die Besprechungen am Shop-Floor-Board sollten im Stehen stattfinden. Und 15 Minuten sind für ein Meeting im Stehen optimal, danach wird es unangenehm, noch länger zu stehen. Ein Praxistipp: Es ist sinnvoll, eine Magnet-Stoppuhr am Board aufzuhängen, damit die Zeit eingehalten wird und Diskussionen nicht ausufern oder Themen besprochen werden, die nicht in das Meeting gehören.

Ein weiterer Aspekt ist die Begrenzung der Redezeit. Gewiss gibt es keine Faustregel, entscheidend ist das konkrete Meetingthema: Bei den regelmäßig stattfindenden Frühbesprechungen, in denen sich die Teilnehmer vor allem auf den neuesten Stand der Dinge bringen, ist wahrscheinlich eine möglichst kurze Redezeit angemessen.

Stopp, liebes Autorenteam, ich habe da mal eine Frage!
Werden im Rahmen dieser 24-Stunden-Gespräche oder -Meetings eigentlich auch Problemlösungen erarbeitet?
Nein. Denn bei dem 24-Stunden-Gespräch sind auch Teilnehmer mit dabei, die mit dem Problem und der Problemlösung nichts zu tun haben. An einem Problemlösungs-Meeting jedoch nehmen nur die Führungskräfte und Mitarbeiter teil, die zur Problemlösung auch einen Beitrag leisten können. Aber auch dann gilt: Die Teilnehmer müssen sich genau vorbereiten und dann in einem Statement ihren Problemlösungsvorschlag vortragen und zur Diskussion stellen.

Zurück zum 24-Stunden-Gespräch. Natürlich ist Disziplin für dieses Meeting unerlässlich: Pünktlichkeit, kein Telefon, keine Störungen, keine unnötigen Diskussionen, Lösungsorientierung, Prioritäten setzen, zuhören, die Gesprächspartner ausreden lassen, auf den Punkt kommen, keine persönlichen Angriffe – das sind die Regeln, die unbedingt eingehalten werden müssen.

Das erfordert von dem Shop-Floor-Manager, dass er Grundkenntnisse im Bereich der Moderation und des Zeitmanagements erwirbt. Zudem sollte er darin geschult werden, ein Meeting zu leiten. Konkretes Beispiel: Er muss mindestens 20 Prozent Zeitpuffer für Unvorhergesehenes einplanen, damit über der Besprechung nicht permanent das Damoklesschwert des Zeitdrucks schwebt.

Hinzu kommt der Anspruch an seine Führungskompetenz: Wenn sich ein Meetingteilnehmer nicht an die Spielregeln hält, länger redet als vereinbart und andere Teilnehmer auf unzulässige Weise kritisiert, muss der Shop-Floor-Manager eingreifen.

Stopp, liebes Autorenteam, ich habe da mal eine Frage!
Wie kann es dem Shop-Floor-Manager denn gelingen, solche Mitarbeiter ein wenig zu disziplinieren?
Dabei helfen ihm die verbindlichen Verhaltensregeln, denn diese erzeugen einen Gruppendruck: Wenn ein Mitarbeiter wiederholt polemisiert, abschweift oder unterbricht, also die Regeln bricht, kann er von den Kollegen und dem Shop-Floor-Manager unter Berufung auf die Spielregeln zur Ordnung gerufen werden. Zudem sollte der Shop-Floor-Manager in einem Vieraugengespräch mit dem Mitarbeiter die Situation besprechen, sodass die Verletzung der Spielregeln unterbleibt.

Wie ist das zu verstehen?

Nun: Dem Streitsüchtigen kann der Shop-Floor-Manager im Vieraugengespräch zum Beispiel verdeutlichen, dass seine Einwände vielleicht berechtigt sind, aber nicht in einem Meeting besprochen werden können. Zudem kann er ihn auffordern, seine Einwände konzilianter vorzutragen, sodass sie zur produktiven Problemlösung beitragen.

Meetings regelmäßig auf mehreren Ebenen durchführen

Ob nun Frühbesprechung, Problemlösungsmeeting oder kleiner Verbesserungsworkshop in der Produktionshalle: Die Erfahrung zeigt, dass die Meetings regelmäßig und in möglichst kurzen Abständen stattfinden sollten. Der Grund: Regelmäßige Meetings verringern zumeist das Risiko von Fehlern und Verschwendung – Abbildung 30 veranschaulicht diesen Zusammenhang.

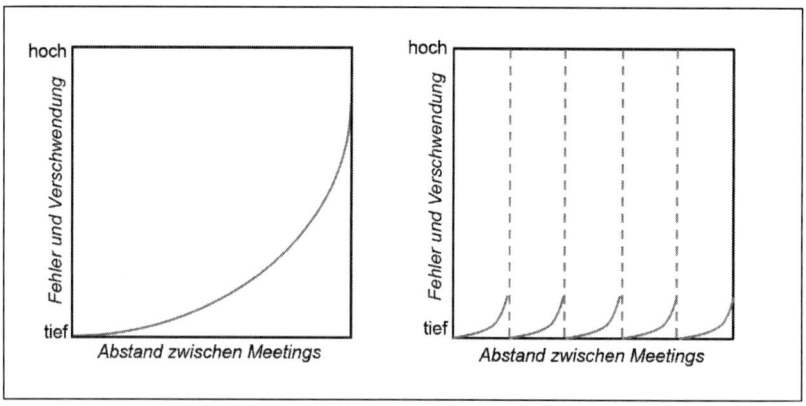

Abbildung 30: Regelmäßige Meetings verringern das Risiko von Fehlern und Verschwendung

Der permanente Rückkopplungseffekt bei den regelmäßigen Meetings kommt zustande, wenn die folgenden Fragen thematisiert werden:

- Was hat das Team seit dem letzten Meeting erreicht?
- Welche Maßnahmen und Aktionen müssen bis zum nächsten Meeting ausgeführt werden?
- Welche Schwierigkeiten könnten auftreten, die das Team daran hindern, die Ziele zu erreichen?

Was aber passiert, wenn der Shop-Floor-Manager und sein Team nicht mehr in der Lage sind, ein Problem in Rahmen ihres jeweiligen Meetings zu klären? Dann ist es sinnvoll, eine Kommunikationsstruktur aufzubauen, die dazu führt, dass auftretende Probleme rasch erkannt und an die entsprechende Entscheidungsstelle gebracht werden können. Das heißt: Themen, die der Shop-Floor-Manager nicht alleine mit seinem Team lösen kann, werden mit ins nächste Meeting auf der nächsthöheren Ebene genommen und mit den Beteiligten besprochen. So können schnell Maßnahmen definiert und eingeleitet werden.

Die Abbildung 31 auf der folgenden Seite zeigt exemplarisch eine Kommunikationsstruktur, die die einzelnen Ebenen miteinander verzahnt.

Das folgende Beispiel verdeutlicht das Vorgehen: Die Herausforderung besteht darin, dass die Stillstandszeit einer Maschine so groß ist, dass der Auftrag in der geplanten Zeit nicht realisiert werden kann. Der angestrebte Liefergrad und die Liefermenge lassen sich daher wahrscheinlich nicht erreichen. Der Shop-Floor-Manager und sein Team besprechen in der morgendlichen Frühbesprechung dieses Thema. Was ist zu tun?

In Anlehnung an die Kommunikationsstruktur in Abbildung 31 auf der folgenden Seite thematisiert der Shop-Floor-Manager das Problem im morgendlichen Teammeeting. Es erfolgt die Erfassung der Stillstandszeit auf dem Shop-Floor-Board. Dann kommt es zur Ursachenfindung und Suche

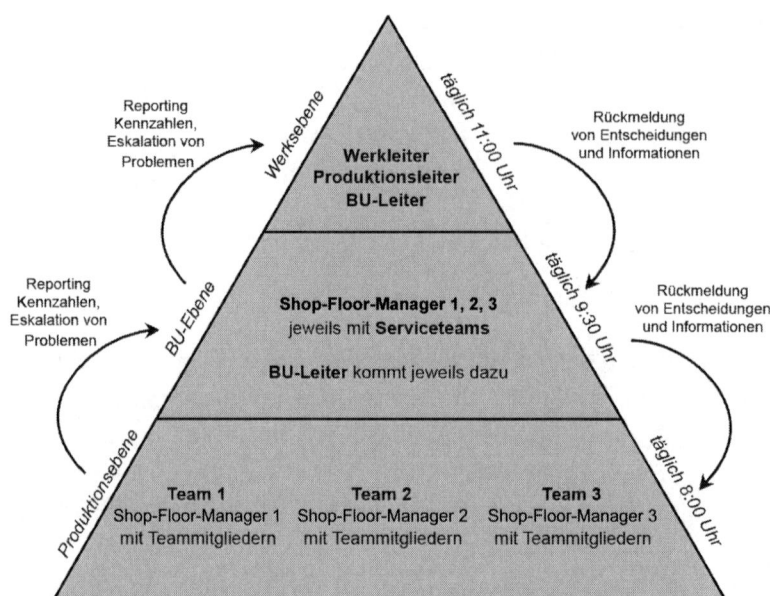

Abbildung 31: Beispiel für das Zusammenspiel von täglichen Meetings auf mehreren Ebenen. Basiert auf einer Grafik der Leonardo Group, München 2012

nach einer nachhaltigen Lösung. Kann eine Lösung gefunden werden, wird diese zeitnah umgesetzt und nach einer gewissen Zeit überprüft. Eine nachhaltige Lösung kann zu einem neuen Standard werden.

Ist das Problem nicht im Team lösbar, ist eine Eskalation auf die nächsthöhere Ebene möglich. Dort wird wiederum im erweiterten Personenkreis, dem Serviceteam, nach Ursachen gesucht.

Wird das Problem in die höchste Ebene (Werksebene) transportiert, kann schließlich eine Problemlösung gefunden werden, die die Stillstandszeiten der Maschinen allgemein betrifft.

Mit anderen Worten: Die tägliche Besprechungs- und Kommunikationsstruktur ist eine Abweichungs- und Problemabarbeitungssystematik, mit dem Ziel, aus einer Störung für die Zukunft zu lernen und mithilfe des PDCA-Problemlösezyklus Probleme nachhaltig abzustellen.

Fazit: Die Kernbotschaften des dreizehnten Kapitels

- Das Shop-Floor-Board hilft dabei, in der Produktionshalle die Ergebnisse eines Meetings zu visualisieren.
- Es dient als Informations- und Ideenzentrum.
- Die Meetings finden nicht mehr im Konferenzraum statt, sondern direkt vor Ort, wo die Probleme gelöst und Verbesserungen eingeleitet werden müssen.
- Der Shop-Floor-Manager muss kommunikative Kompetenzen erwerben, um als Meetingleiter auftreten zu können.

14.
Der Shop-Floor-Manager als Problemlöser: Kein Verbesserungsprozess ohne systematische Problemlösung

Was Sie in diesem Kapitel erfahren

- Gute Verbesserungsprozesse basieren darauf, dass Probleme sauber erkannt und analysiert, die Ursachen gefunden, Problemlösungsmaßnahmen ergriffen, Maßnahmen überprüft und letztendlich Standards abgeleitet werden. Darum lesen Sie jetzt, wie Sie Probleme aktiv und nachhaltig bewältigen.
- Wir stellen Ihnen die einfachsten, aber zugleich bewährtesten Methoden vor, die zur kreativen Problemlösung führen – und damit zum Verbesserungsprozess.
- Mit der Problemlösestory lernen Sie ein Dokumentationsinstrument kennen, mit dem Sie die Methoden so miteinander kombinieren, dass die Nachhaltigkeit der Problemlösung gesichert ist.

14.1 Problemlösungsprozess systematisch anstoßen

Wenn wir uns an das Kapitel 12 erinnern, wissen wir, wie wichtig es ist, für nachhaltige Verbesserungsprozessen einem klaren Schema zu folgen. Das gilt im Bereich der Problembewältigung ebenso: Der Shop-Floor-Manager, der sich in viele neue Tätigkeitsfelder einarbeiten muss, ist auf Methoden und Instrumente angewiesen, die ihm die Übernahme der neuen Aufgaben erleichtern.

Im Folgenden beschreiben wir darum einen systematischen Weg, auf dem der Shop-Floor-Manager zu einer langfristigen Problemlösung gelangt. Grundlage ist der PDCA-Kreislauf (siehe Kapitel 12, Abbildung 28) und die damit verbundene, intensive Planphase, die in Abbildung 32 nochmals dargestellt wird, damit ersichtlich ist, dass und wie sich ein Problemlösungsprozess in diesen Kreislauf einfügt.

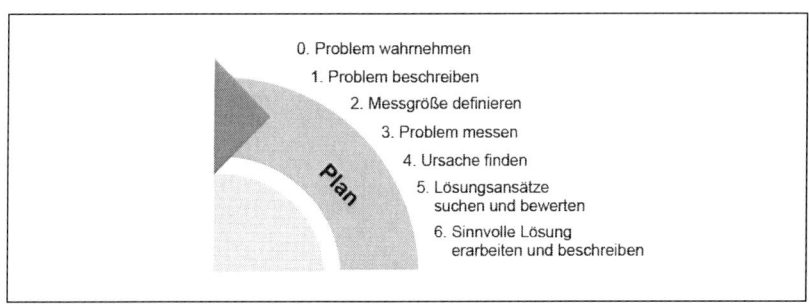

Abbildung 32: Die Planphase im PDCA-Kreislauf

Entscheidend: die Planphase

Je intensiver die Planungsphase ausfällt, desto kürzer und störungsfreier laufen die weiteren Phasen ab. Bei einer unsorgfältigen Planung hingegen besteht immer die Gefahr, dass für die Problemlösung mehr Zeit als notwendig aufgewendet werden muss.

Die Abbildung 33 veranschaulicht diesen Zusammenhang:

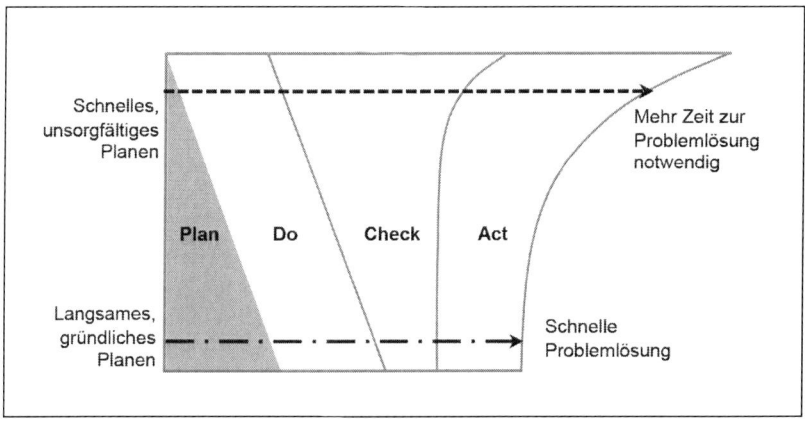

Abbildung 33: „Sometimes slower is quicker!" Quelle: Hydro Aluminium Rolled Products GmbH, Business System Office

Das Problem wahrnehmen

Beschrieben wird nun Schritt 0 (= „Problem wahrnehmen") im PDCA-Kreislauf.

Probleme zu erkennen ist eine der Hauptaufgaben des Shop-Floor-Managers. Darum ist er darauf fokussiert, Abweichungen und Störfaktoren im Prozess frühzeitig festzustellen. Dies gelingt mithilfe seiner Teammitglieder, die ihn umgehend informieren, wenn Anzeichen auftauchen, die auf solche Abweichungen vom Standard hinweisen.

Darum gehört es zu seinen Aufgaben, die Teammitglieder immer wieder auf die Bedeutung dieser Beobachtungen hinzuweisen. Indem er die entsprechenden Leistungen der Mitarbeiter lobt und anerkennt, sorgt der Shop-Floor-Manager für ein Klima, in dem die Sinne und die Beobachtungsgabe für jene Abweichungen geschärft werden.

Das Problem mit den „6 W-Fragen" klar beschreiben und Messgrößen definieren und nutzen

Wir befinden uns im PDCA-Kreislauf bei den Schritten 1 bis 3: „Problem beschreiben", „Messgröße definieren" und „Problem messen".

Die systematische Analyse von Problemen nimmt einen großen Teil der Zeit des Shop-Floor-Managers in Anspruch. Analyse bedeutet, sich Zahlen, Daten und Fakten (ZDF) zu beschaffen, um eine Abweichung oder ein Problem messbar zu machen und diese ZDF systematisch auszuwerten.

> **Merke**
>
> Ist ein Problem gut beschrieben, ist es bereits halb gelöst. Und das nicht nur, weil es klar benannt ist – die exzellente Problembeschreibung unterstützt den Shop-Floor-Manager auch dabei, seinen Teammitgliedern gegenüber das Problem in anschaulichen und nachvollziehbaren Worten darzulegen.

Wie aber gelangt der Shop-Floor-Manager zu einer eingängigen Problembeschreibung? Dazu nutzt er die einfache, aber wirkungslose Methode der „6 W-Fragen".

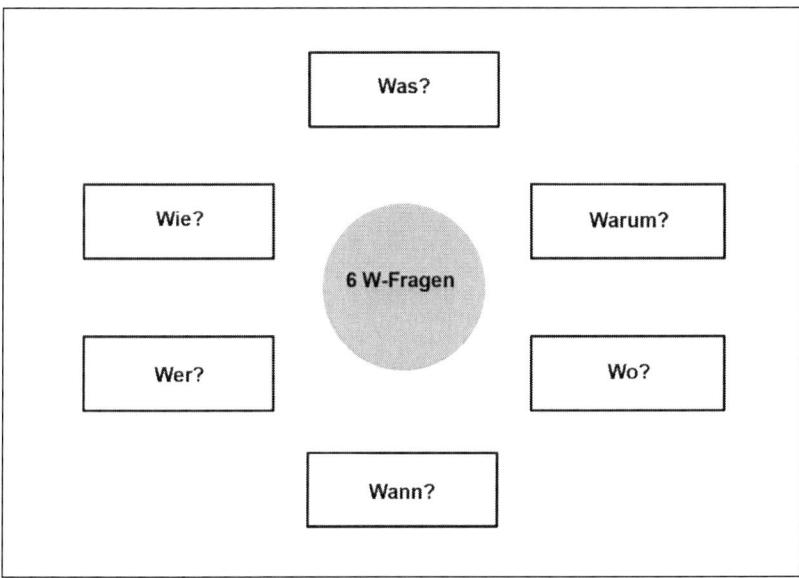

Abbildung 34: 6 W-Fragen

Der Name der Methode spricht für sich selbst: Um die Problemsituation möglichst genau zu erfassen, stellen der Shop-Floor-Manager und sein Team die obligatorischen Fragen nach dem Was, Warum, Wo, Wann, Wer und Wie. Dabei sind – je nach Problemstellung – nicht alle Fragen von derselben Relevanz. Die folgenden Tabellen zeigen zunächst mögliche Fragen und dann ein konkretes Beispiel:

Allgemeine Beispiele für 6 W-Fragen		
Frage	zu einem Problem	zu einem Vorgang/Prozess
Was?	Was ist es? Was sind sichtbare Auswirkungen?	Was ist der Vorgang? Was passiert, wenn er fehlt?
Warum?	Warum wird es getan? Warum ist es notwendig?	Warum wird es getan? Was passiert, wenn er fehlt?
Wo?	Wo findet es statt? Warum dort?	Wo findet es statt? Warum dort?
Wann?	Wann ist das Problem aufgetreten? Warum zu diesem Zeitpunkt?	Wann findet der Vorgang statt? Wie lange findet er statt? Warum zu diesem Zeitpunkt?
Wer?	Wer ist der Benutzer? Warum verrichtet diese Person diese Tätigkeit? Wer will, dass es so gemacht wird?	Welche Personen verrichten mit welchem Zeitanteil diese Tätigkeit? Erfordert die spezielle Tätigkeit eine spezielle Qualifikation? Wer will, dass es so gemacht wird?
Wie?	Wie ist die Abweichung? Wie wurde das Problem erkannt?	Wie wird es getan? Ist das der beste Weg?

Abbildung 35: Allgemeine Beispiele für 6-W-Fragen

6-W-Fragen: konkretes Beispiel	
Was?	**Wo?**
Der Maschinist hat zwei Arbeitsplätze (Entschlacker und Granulataufgabe). Störungen an der Granulataufgabe werden nicht bemerkt, wenn der Maschinist am Entschlacker ist. Zeitweise ist der Maschinist für die Warte nicht erreichbar. Anweisungen können nicht schnell genug ausgeführt werden.	Zwei örtlich getrennte Arbeitsplätze. Die Arbeitsplätze befinden sich in unterschiedlichen Stockwerken. Das Telefon, mit dem der Mitarbeiter und die Warte verbunden sind, befindet sich beim Entschlacker. An der Granulataufgabe gibt es kein Signalelement.
Warum?	**Wie?**
Wegen Personalreduzierung muss der Maschinist die beiden Arbeitsplätze sichern. Störungen müssen schnell behoben werden, sonst droht Betriebsausfall.	Ist geklärt. Arbeitsplatzwechsel erfolgt nach Erfahrungswerten.
Wann?	**Wer?**
Diese Frage konnte der Maschinist nicht präzise beantworten.	Ein Maschinist pro Schicht.

Abbildung 36: 6-W-Fragen – konkretes Beispiel

Stopp, liebes Autorenteam, ich habe da mal eine Frage!
Ist dies die einzige Methode, um zu einer klaren Problemdefinition und -beschreibung zu kommen?
Nein, aber die einfachste und trotzdem effektivste. Aber auch die Vor-Ort-Begehung ist nützlich. Der Shop-Floor-Manager legt dabei die Problemstellung vor Ort unter die kritische Lupe. Der Vorteil: Er kann sich direkt mit anderen Betroffenen und Mitarbeitern austauschen, offene Fragen klären und, falls nötig, ein Problembewusstsein

schaffen. Wir sind der Meinung, dass auch die im Folgenden dargestellten Methoden sehr gut geeignet sind, in der Produktionshalle eingesetzt zu werden.

Wie meinen Sie das?
Shop-Floor-Management bedeutet, gewisse Aktivitäten, die ansonsten etwa im Besprechungsraum oder im Büro stattfinden, in die Produktionshalle zu verlagern. Darum sollten die dort eingesetzten Methoden leicht zu handhaben sein. Und die 6-W-Fragen lassen sich sehr gut am Shop-Floor-Board, aber auch direkt am Arbeitsplatz im Gespräch zwischen Shop-Floor-Manager und Mitarbeiter diskutieren. Und dies gilt auch für die weiteren Methoden, die wir jetzt vorstellen.

Vor allem bei komplexeren Problemen oder falls gleich mehrere Probleme auftauchen, ist es richtig, eine Priorisierung mithilfe der Pareto-Analyse vorzunehmen. Der Shop-Floor-Manager weiß dann, welche Probleme in welcher Reihenfolge zu lösen sind.

Das Pareto-Diagramm beruht auf dem Pareto-Prinzip, nach dem die meisten Auswirkungen eines Problems, nämlich 80 Prozent, häufig nur auf einer kleinen Anzahl von Ursachen (20 Prozent) basieren. Nach dieser Annahme des italienischen Ökonomen Vilfredo Federico Pareto (1848 – 1923) entsteht ein Säulendiagramm, das Problemursachen nach ihrer Bedeutung ordnet und die Aufmerksamkeit auf die wichtigsten Probleme lenkt.

Die Abbildung 37 zeigt in einem Beispiel, dass Kundenbeschwerden vor allem durch „fehlende Teile" hervorgerufen werden. Es ist daher effektiv und sinnvoll, zunächst einmal dieses Problem anzugehen, weil es den Hauptverursacher für die Beschwerden darstellt.

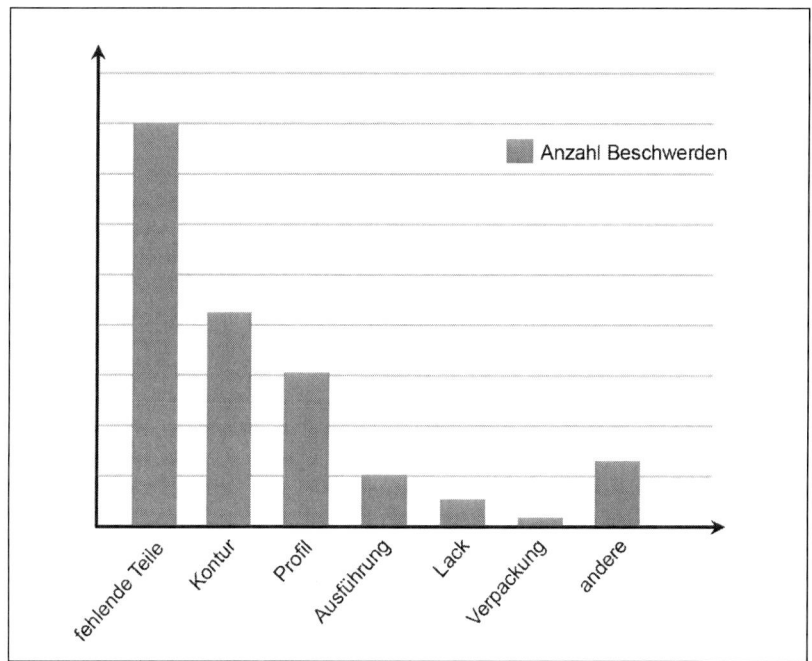

Abbildung 37: Gründe für Kundenbeschwerden, priorisiert nach dem Pareto-Prinzip

Mithilfe des Pareto-Diagramms werden also aus vielen möglichen Ursachen eines Problems diejenigen herausgefiltert, die den größten Einfluss haben. Die Wichtigkeit einer Ursache kann direkt aus dem Diagramm abgelesen werden.

Den Ursachen auf die Spur kommen

Nun geht es um den Schritt 4 (= „Ursache finden") im PDCA-Kreislauf.

Die wichtigsten Methoden zur Ursachenanalyse eines Problems sind das Ishikawa-Diagramm und die „5× Warum"-Methode.

Das Ishikawa-Diagramm geht zurück auf Kaoru Ishikawa (1915 – 1989) und wird aufgrund seines Aufbaus auch Fischgrät-Diagramm genannt. Es handelt sich um ein Ursache-Wirkungs-Diagramm, mit dem systematisch die Ursachen erkannt werden können, die zu einem Problem führen oder dieses maßgeblich beeinflussen. So lassen sich alle Problemursachen identifizieren und in ihren Wirkzusammenhängen darstellen.

In der Abbildung 38 geht es um das Problem „Qualitätsmängel". Es werden vier Haupteinflussgrüßen in Erwägung gezogen, nämlich „Mensch", „Maschine", „Methode" und „Material". In einer Teamsitzung wird nun geprüft, welche Ursachen aus diesen Bereichen als Problemverursacher infrage kommen.

Die „vier Ms" dienen allerdings eher als Anregung; sie können auch durch andere Begriffe ersetzt beziehungsweise ergänzt werden.

Bei der „5× Warum"-Methode geht es wiederum darum, die richtigen Fragen an das Problem zu stellen und sich den Problemursachen Schritt für Schritt anzunähern. Dabei wird jeder Aspekt des Problems durch ein „Warum?" hinterfragt. Die Antworten darauf werden mit bis zu vier weiteren „Warum?" weiterverfolgt – die Abbildung 39 zeigt ein Beispiel.

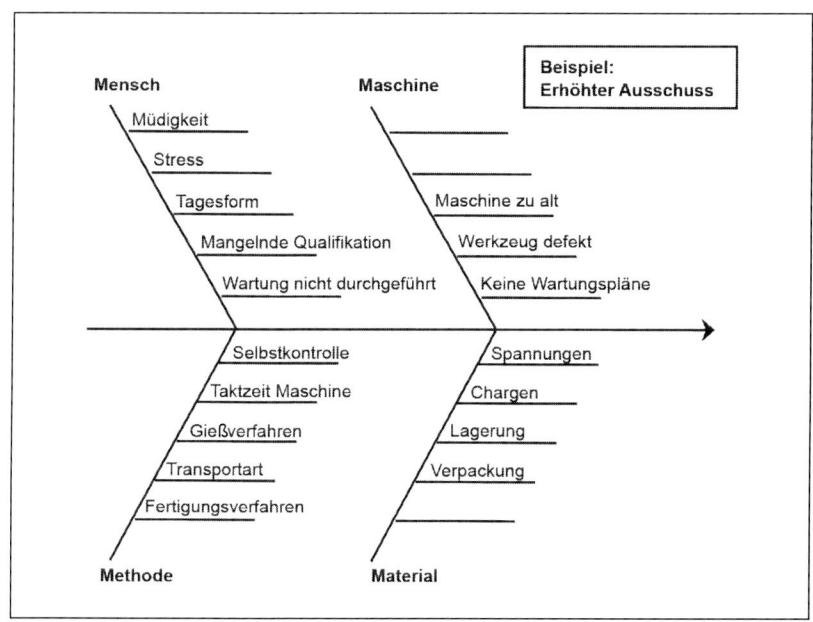

Abbildung 38: Beispiel für ein Ishikawa-Diagramm

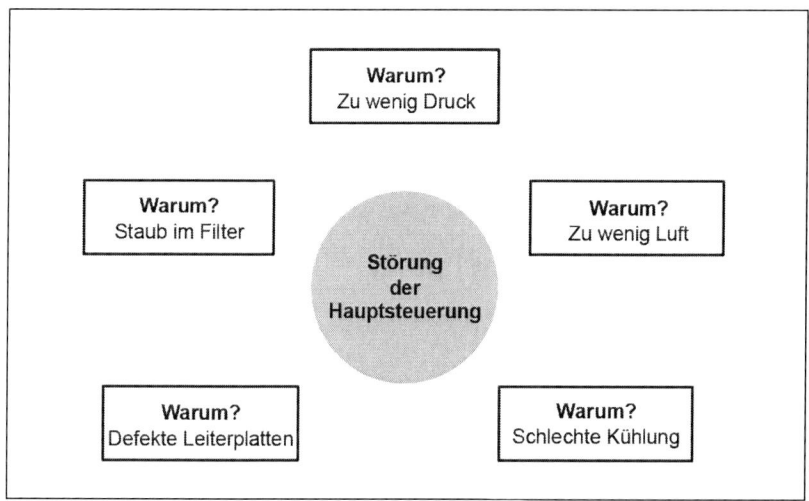

Abbildung 39: Beispiel für die „5x Warum"-Methode: Störung der Hauptsteuerung der Maschine

Kein Verbesserungsprozess ohne systematische Problemlösung | **231**

Gerade die „5x Warum"-Methode hilft, Probleme nachhaltig zu lösen. Denn mit ihr dringen der Shop-Floor-Manager und sein Team immer tiefer in die Problemstellung ein. Oft wird bei der Problemlösung in der Produktionshalle der Fehler gemacht, nur an den Symptomen herumzuarbeiten Die Beteiligten sind froh, dass – zum Beispiel – die Maschine wieder läuft, die Produktion wieder aufgenommen, der Prozess wieder funktioniert und der Auftrag doch noch abgearbeitet werden kann.

Die eigentlichen Ursachen jedoch bleiben unerkannt – es besteht die Gefahr, dass die Maschine kurze Zeit danach aufs Neue ausfällt, weil das Problem lediglich an der Oberfläche behandelt wurde. Die „5x Warum"-Methode hingegen hilft, auch den tiefer liegenden Problemursachen systematisch auf die Spur zu kommen. So steigt die Wahrscheinlichkeit, dass das Problem nicht wieder auftaucht und nachhaltig abgestellt werden kann.

Lösungen finden, bewerten und Maßnahmen ableiten

Es folgen die Schritte 5 und 6 im PDCA-Kreislauf (= „Lösungsansätze suchen und bewerten" und „Sinnvolle Lösung erarbeiten und beschreiben").

Die am meisten genutzte Methode zum Finden von Lösungen ist das Brainstorming. Brainstorming ist eine Methode zur Erzeugung von vielen kreativen Ideen im Team. Jedes Teammitglied darf bei dieser Vorgehensweise alle Ideen frei äußern. Alles ist erlaubt! Oft werden auch spezifische Arten des Brainstormings wie das Brainwriting, der Brainwriting-Pool oder die 6-3-5-Methode genutzt.

Zur Bewertung einer Problemlösung mit dem Ziel, die passendste Lösungsidee auszuwählen und umzusetzen, kann die Prioritätenmatrix eingesetzt werden. Die Prioritätenmatrix (Abbildung 40) ist eine systematische Vorgehensweise zur Priorisierung von Ursachen oder Maßnahmen, unter Anwendung spezifischer Kriterien, die frei gewählt werden können:

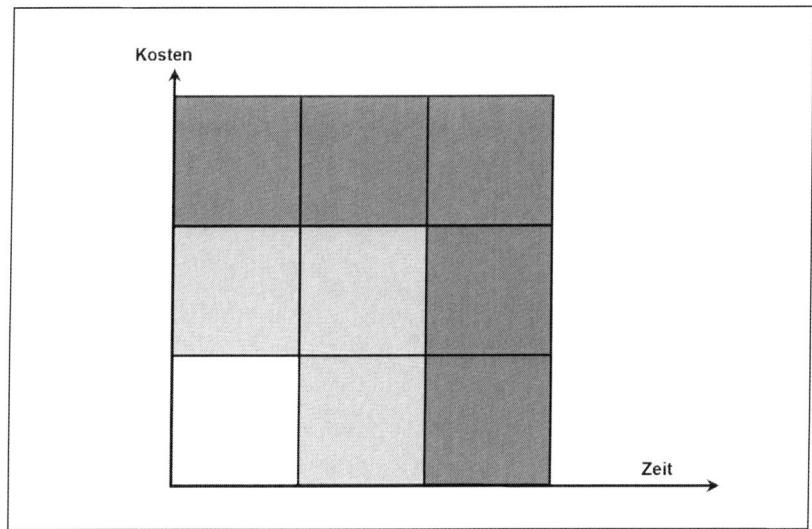

Abbildung 40: Die Prioritätenmatrix

Um sicherzustellen, dass die definierten Maßnahmen auch fristgerecht umgesetzt werden, eignet sich der klassische Maßnahmenplan. Der Maßnahmenplan ist ein Formblatt, in dem alle Verbesserungsmaßnahmen und anstehenden Aufgaben dokumentiert werden und der Status der Erfüllung eingetragen wird. Hier ist zudem hinterlegt, wer für die Maßnahme zuständig ist. Bei jedem weiteren Meeting kann der Maßnahmenplan als Grundlage zur Besprechung des Status dienen.

14.2 Mit der Problemlösestory zu nachhaltigen Verbesserungen gelangen

Um einen guten Überblick über die gesamte Projektentwicklung zu behalten, empfehlen wir die Problemlösestory. Die oben genannten Aspekte fließen in diese Problemlösestory ein. Als authentisches Beispiel dient das

Problem „Ausfälle durch defekte Wasserschläuche", das bei der Firma F. S. Fehrer Automotive GmbH aufgetreten ist. Das Beispiel zeigt, wie die vorgestellten Methoden genutzt wurden, um mit Anlehnung an den PDCA-Kreislauf einen Problemlösungsprozess in Gang zu setzen, der zur nachhaltigen Reduzierung der Maschinenausfälle geführt hat.

PDCA-Kreislauf: Plan

1. Problembeschreibung mithilfe der 6-W-Fragen

Was war das Problem? Ausfälle durch defekte Wasserschläuche

Wann trat das Problem auf? Beim Öffnen und Schließen der Formenträger

Wo trat das Problem auf? Schläuche bleiben an Initiatoren/Zylindern etc. hängen

Wer hat etwas mit dem Problem zu tun? Anlagenbediener und Instandhaltung

Welchen Trend zeigt das Problem auf? Das Problem tritt sporadisch auf

Wie ist die Abweichung vom Normalzustand? Das Problem trat 39 Mal in 3 Monaten auf

Zusammenfassung Der Ausfall in 3 Monaten betrug circa 440 Minuten, also circa 4 Schichten im Jahr

2. Zielsetzung
Reduzierung des Ausfalls: Wasserschlauch defekt

3. Ishikawa-Analyse
Das im Brainstorming des Teams erarbeitete Ursache-Wirkungs-Diagramm führte zu dem folgenden Diagramm:

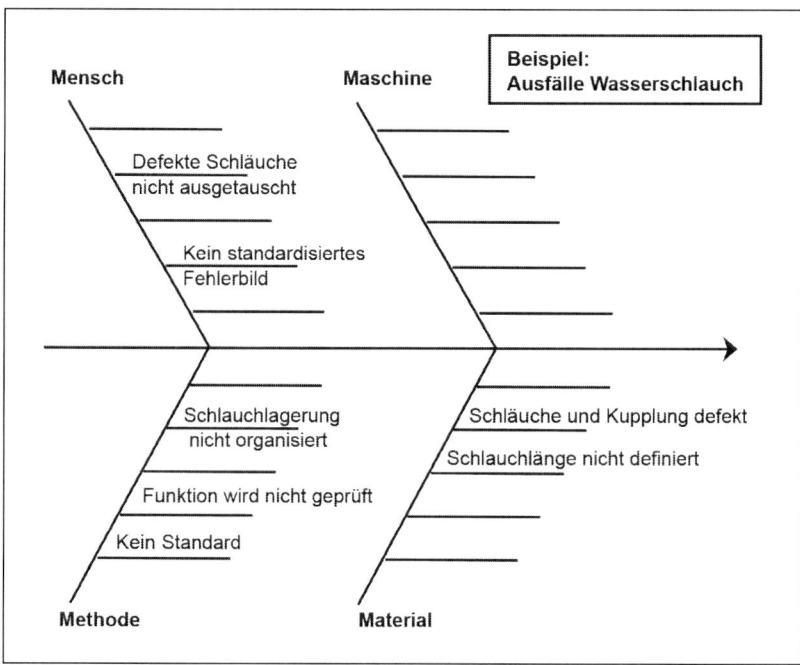

Abbildung 41: Ishikawa-Diagramm zum Wasserschlauch-Problem

4. Analyse durch „5x Warum"-Methode (Methode wurde in diesem Beispiel nicht verwendet)

	1. Warum?	2. Warum?	3. Warum?	4. Warum?	5. Warum?
Mögliche Problem-ursachen					

Abbildung 42: Wasserschlauch-Problem: „5x Warum"-Methode

5. Lösungen formulieren

In einer weiteren Sitzung wurden schließlich Lösungsvorschläge ausgearbeitet, die in Abbildung 43 festgehalten sind.

Nr.	Lösungsvorschlag
1	Verrohrung FT
2	Schmier-Wartungs-Reinigungsplan
3	Fehlerbild standardisieren
4	Schlauchlagerung organisieren
5	Längen definieren
6	Funktionstests
7	Schlauchverlängerung
8	Durchflusszähler

Abbildung 43: Problemlösungsvorschläge zum Wasserschlauch-Problem

6. Lösungsvorschläge bewerten

Mithilfe der folgenden Problemlösungsmatrix (Abbildung 44) wurden die Kosten der einzelnen Vorschläge und die zur Umsetzung notwendige Zeit bewertet – mit dem Ergebnis, die Vorschläge 3 bis 6 zu realisieren. Durch sie entsteht ein relativ geringer Kosten- und Zeitaufwand.

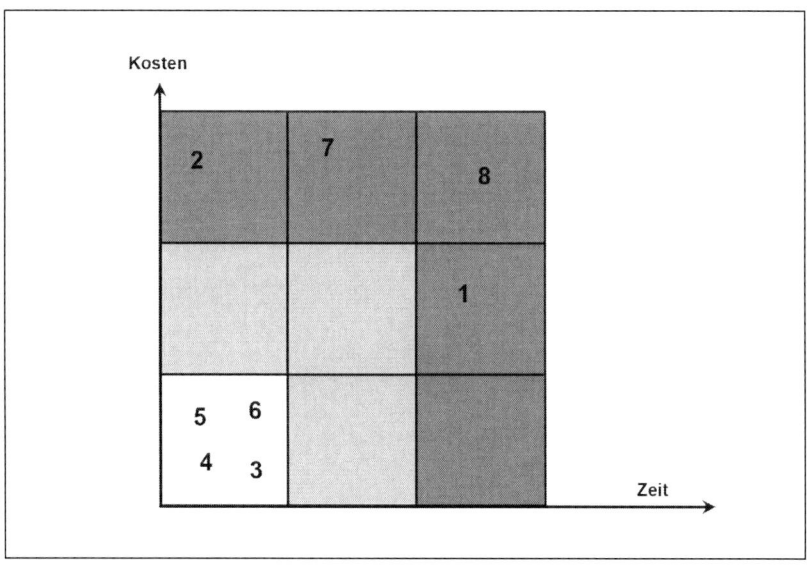

Abbildung 44: Wasserschlauch-Problem: Bewertung der Problemlösungsvorschläge

PDCA-Kreislauf: Do

7. Aktionsplan erstellen

Zu den Problemlösungsvorschlägen 3 bis 6 wurde schließlich ein Umsetzungsplan mit konkreten Maßnahmen erstellt.

Nr.	Maßnahme	Wer	Wann	Status
1	Fehlerbild festlegen			●
2	Fehlerbild: Kurzanleitung			●
3	Schlauchlängen			●
4	Schläuche bestellen			●
5	Schlauchlagerung organisieren			●
6	Schlauchlagerung: Verantwortung festlegen			●

◐ Konzept   ◑ Planung   ◕ Realisierung   ● Überprüfung

Abbildung 45: Aktionsplan zum Wasserschlauch-Problem

PDCA-Kreislauf: Check und Act

Der Check ergab: Durch die Maßnahmen konnte der Ausfall Formenträger um 65 Prozent reduziert werden. In dem Beispiel hat der Problemlösungsprozess schließlich zur Erarbeitung eines neuen Standards geführt (Act) – und damit zu einem nachhaltigen Verbesserungsprozess.

Fazit: Die Kernbotschaften des vierzehnten Kapitels

- Eine systematische Vorgehensweise bei Verbesserungsprojekten mit der Abarbeitung aller Schritte des PDCA-Kreislaufs führt zu langfristigen und nachhaltigen Problemlösungen.
- Es hat sich bewährt, bei der Problemlösung mit einfachen Methoden zu arbeiten, denn diese führen zu schnellen Ergebnissen.
- Die „6 W-Fragen" helfen, Probleme klar zu definieren. Mit der Pareto-Analyse können die Probleme priorisiert werden. Die Ursachenanalyse wird mit dem Ishikawa-Diagramm und der „5x Warum"-Methode betrieben.
- Alle genannten Methoden fließen in die Problemlösestory ein.

15.
Der Shop-Floor-Manager und sein Team als Prozessoptimierer

> **Was Sie in diesem Kapitel erfahren**
>
> - Die Optimierung von Prozessen gehört zu den wichtigsten Verbesserungsmaßnahmen im Shop-Floor-Management.
> - Wir legen dar, dass das Denken und Handeln in Prozessen notwendig ist, um Abweichungen vom Standard und Verschwendung frühzeitig zu entdecken.
> - So können die Menschen kreative Verbesserungsvorschläge entwickeln und umsetzen.

15.1 In Prozessen denken ermöglicht Prozessoptimierung

Ein wichtiges Ziel des Shop-Floor-Managers, der sich als Treiber von Verbesserungen versteht, besteht darin, in seinem Verantwortungsbereich stabile und sichere Prozesse zu gewährleisten. Darunter verstehen wir Prozesse, in denen es nicht zu Abweichungen und Störungen von einem genau definierten Standard kommt. Denn nur ein stabiler Prozess gewährleistet gute Produkte und ermöglicht ein optimales Kosten-Nutzen-Verhältnis.

Das Ziel „Null-Fehler" beschreibt den Zielzustand jedes Prozesses. Realistisch betrachtet, ist dieses Ziel nie zu erreichen – Fehler werden immer auftreten, sie lassen sich nie gänzlich verhindern. Trotzdem darf dieses Idealziel nie aufgegeben werden, damit eine Denkweise entsteht, die darauf ausgerichtet ist, sich diesem Ziel so weit wie möglich anzunähern.

Diese Null-Fehler-Denk- und Handlungsweise ist die Voraussetzung dafür, dass der Shop-Floor-Manager dafür sensibilisiert wird, auf jene Abweichungen vom definierten Standard zu achten. Mit anderen Worten:

> **Merke**
>
> Es ist eine der zentralen Aufgaben des Shop-Floor-Managers, seine Prozesse sorgfältig zu kontrollieren, Abweichungen zu erkennen, zu dokumentieren und zu beseitigen. Und selbstverständlich ist es seine Aufgabe, diese Denk- und Handlungsweise auch seinen Teammitgliedern nahezubringen. Alle Mitarbeiter sollen zum prozesshaften Denken befähigt werden.

15.2 Tools beherrschen – die Prozessfluss- und Verschwendungsanalyse

Doch die richtige Einstellung allein genügt nicht – der Shop-Floor-Manager benötigt Tools, mit denen es möglich ist, zum Beispiel Verschwendungsbereichen auf die Spur zu kommen und Abweichungen vom Standard systematisch aufzuspüren.

Zu diesen Tools gehört die PVA – die Prozessfluss- und Verschwendungsanalyse. Sie dient dazu, vor allem die nicht so leicht aufzuspürenden Verbesserungspotenziale zu entdecken, also zum Beispiel Verschwendungsbereiche, die nicht auf den ersten Blick zu erkennen sind. Ein Beispiel dafür sind die Verschwendungen, die an den Schnittstellen anfallen: Hier stoßen verschiedene Prozesse aneinander, hier kommen mehrere Mitarbeiter aus verschiedenen Verantwortungsbereichen zusammen – und darum treten an diesen Schnittstellen eher Verschwendungen auf, die jedoch oft auch schwer zu identifizieren sind.

Diese Analyse wird in den folgenden Schritten erstellt:

Schritt 1: Vorbereitung und Start
Schritt 2: Aufnahme und Beschreibung des Istprozesses
Schritt 3: Schwachstellen aufdecken

Schritt 4: Aufgedeckte Schwachstellen werden mithilfe von Zahlen, Daten und Fakten und einer Kostenanalyse bewertet und priorisiert
Schritt 5: Danach wird der erwünschte Sollzustand beschrieben
Schritt 6: Maßnahmen zur Prozessoptimierung entwickeln und so umsetzen, dass man sich dem erwünschten Zielzustand so nah wie möglich annähert

Stopp, liebes Autorenteam, ich habe da mal einen Einwand!
Ich muss gestehen, diese Schritte stellen ja nun wirklich nicht etwas besonders Neues dar.
Es geht an dieser Stelle auch nicht primär darum, unbedingt innovativ zu sein. Vielmehr kommt es darauf an, dem Shop-Floor-Manager und seinem Team ein einfaches und strukturiertes Schema an die Hand zu geben, um systematisch Prozesse zu optimieren. Tools wie die Prozessfluss- und Verschwendungsanalyse mit ihren klaren und einfachen Schritten, die zur Prozessoptimierung führen sollen, erlauben es dem Shop-Floor-Manager, sich sehr intensiv mit einem Prozess auseinanderzusetzen und so Abweichungen von einem Standard zu erkennen.

Die konsequente Durchführung dieses prozesshaften Denkens hat vor allem einen wirtschaftlichen Aspekt: Indem sich der Shop-Floor-Manager ständig fragt, wie er den Prozess gestalten muss, um den größtmöglichen Output mit den geringstmöglichen Kosten realisieren zu können, trägt er zur Kostenminimierung bei. Und wenn er die Möglichkeiten seiner Maschinen und Anlagen genau kennt, ist er in der Lage, die zur Verfügung stehenden Ressourcen optimal auszuschöpfen.

15.3 Kompetenzen des Shop-Floor-Managers: Dokumentationspflicht und Problemlösetechniken

Zu den wesentlichen Aufgaben des Shop-Floor-Managers zählt, alle Aktivitäten eines Prozesses genau zu dokumentieren beziehungsweise dokumentieren zu lassen. Denn auch seine Mitarbeiter sollen in ihrem Verantwortungsbereich Abweichungen erkennen und angemessen dokumentieren.

Der Shop-Floor-Manager sorgt mithin für ein funktionsfähiges „Aufschreibesystem". Er überprüft, ob alle aufgetretenen Abweichungen von allen Mitarbeitern wirklich erfasst worden sind und stellt sicher, dass die Abweichungen nach Prioritäten geordnet und systematisch abgearbeitet werden.

Durch diese „Dokumentationspflicht" erarbeiten der Shop-Floor-Manager und sein Team die Daten- und Informationsgrundlage, auf der es möglich ist, den Istprozess detailliert zu beschreiben. Je detaillierter sie vorgehen, desto leichter ist es, die Schwachstellen und die Abweichungen vom Standard zu erkennen und Maßnahmen zu entwickeln, die zur Prozessoptimierung führen.

Um jene Maßnahmen im Team und gemeinsam mit seinen Mitarbeitern zu entwickeln, sollte der Shop-Floor-Manager Methoden beherrschen, die zur kreativen Problemlösung führen. Dazu zählen zum Beispiel das Brainstorming und die 6-3-5-Methode.

Bei der „Gehirnerstürmung" – also dem Brainstorming – rufen die Mitarbeiter ihre Ideen zu den auf dem Flipchart notierten Problemursachen dem Shop-Floor-Manager zu. Der Shop-Floor-Manager notiert die Ideen zur Problemlösung. Dabei gibt es zunächst einmal keine Wertung der Ideen.

Erst in einem zweiten Schritt steht die Bewertung und Kategorisierung der Ideen an, Wiederholungen werden aussortiert, die Realisten und kritischen Geister kommen zu ihrem Einsatz. Schließlich bleiben die Ideen übrig, die für umsetzbar gehalten werden und in konkrete Maßnahmen zur Prozessoptimierung einfließen können.

Die 6-3-5-Technik setzt der Shop-Floor-Manager folgendermaßen ein:
- **6** Personen (der Shop-Floor-Manager und fünf Mitarbeiter) erhalten je ein Formblatt und notieren dort **3** Ideen, und zwar in **5** Minuten.
- Dann werden die Listen weitergereicht – jeder notiert wieder 3 Ideen in 5 Minuten.
- Der Prozess ist abgeschlossen, sobald alle Listen an ihrem Ausgangspunkt zurückgekehrt sind. In nur 30 Minuten haben sich 108 Ideen angehäuft.
- Schließlich streicht das Team Doppelungen und prüft die verbleibenden Ideen hinsichtlich ihrer Realisierbarkeit.

Stopp, liebes Autorenteam, ich habe da mal eine Frage!
Was passiert, wenn die Gruppe nicht aus sechs Mitgliedern besteht?
Falls die Gruppe zum Beispiel 3 Mitarbeiter und den Shop-Floor-Manager umfasst, also 4 Personen, handelt es sich eben um die 4-3-5-Methode. In 20 Minuten kommt es zu immerhin 48 Gedankenblitzen.

Funktioniert denn der Einsatz dieser Kreativitätstechniken in der Produktionshalle tatsächlich?
Dafür gibt es zahlreiche Beispiele. In einem Projekt, das wir 2012 in einem Unternehmen durchgeführt haben, ging es darum, dass eine Shop-Floor-Managerin mit einem Team aus vier Personen mit unserer Hilfe einen Prozess im Bereich der Reparaturbestellungen optimieren konnte. Das Projektziel lautete: eine zeitliche Einsparung durch reduzierten operativen Aufwand. Die Shop-Floor-Managerin hat als Haupttool die Prozessfluss-

und Verschwendungsanalyse eingesetzt. Ziel war es, den Prozess kürzer zu gestalten und Schnittstellen einzusparen. Messen konnte sie den Erfolg anhand der Zeiteinsparung pro Bestellung.

Wie ist die Shop-Floor-Managerin konkret vorgegangen?
Sie hat sich die am Prozess beteiligten Personen ins Team geholt und verschiedene Teammeetings moderiert. Wichtig war dabei, dass nicht nur eine Person den Prozess verbessert hat, sondern von vornherein alle betroffenen Personen an einen Tisch geholt wurden und gemeinsam an der Prozessoptimierung gearbeitet haben. Methodisch hat sie zunächst einmal den Istprozess visualisiert und dann die Problemfelder und insbesondere die Zeitfresser identifiziert, die den Prozess der Reparaturbestellungen behindert und damit verlangsamt haben. Mithilfe des Brainstormings und der 6-3-5-Methode konnten im Team kreative Lösungsmaßnahmen erarbeitet werden. Dazu zählten die Automatisierung der Reparaturbestellungen und die Einführung von Erinnerungs-E-Mails. Schließlich wurden für den Verbesserungsprozess Personen bestimmt, die die Maßnahmen in einem bestimmten Zeitrahmen verantwortlich verwirklicht haben.

Und das Ergebnis?
Bei den Reparaturbestellungen konnten 67 Stunden Arbeitszeit pro Jahr eingespart werden!

Fazit: Die Kernbotschaften des fünfzehnten Kapitels

- Das prozesshafte Denken und Handeln des Shop-Floor-Managers und seiner Mitarbeiter führt dazu, dass alle Beteiligten systematisch auf die Suche nach Verbesserungspotenzialen gehen.
- Der Shop-Floor-Manager muss dazu die entsprechenden Analysetools und Kreativitätstechniken zur Problemlösung beherrschen.

16.
Fehler als Chance zum Lernen und zur Verbesserung begreifen

> **Was Sie in diesem Kapitel erfahren**
>
> - Ein wichtiger Baustein für erfolgreiches Shop-Floor-Management und eine Verbesserungskultur ist ein positiver Umgang mit Fehlern.
> - In jedem Fehler liegt das Potenzial zur Verbesserung – darum ist es notwendig, eine Lernkultur zu entwickeln.
> - Das Motto des Shop-Floor-Managers lautet daher: „Lösungen anstelle von Schuldigen finden".

16.1 Der Fehler als wichtiger Schritt auf dem Weg zur Verbesserung

Ein lernendes Unternehmen braucht eine Lernkultur, in der Fehler als Chance angesehen werden, um Verbesserungs- und Lernprozesse in Gang zu setzen. Dazu dient vor allem der PDCA-Kreislauf, mit dem systematisch Verbesserungsprozesse in Gang gesetzt werden können (siehe dazu Kapitel 14).

Allerdings: In den meisten Unternehmen geht immer noch die Angst vor Fehlern um, die lähmt und dazu führt, dass die Menschen sich lieber in den vorgezeichneten Bahnen bewegen, statt auch einmal mutig über den Tellerrand hinauszuschauen und das Neue zu wagen und den PDCA-Kreislauf konsequent einzusetzen. Der Grund: Niemand will bei der obligatorischen Suche nach dem Schuldigen für den Fehler bloßgestellt werden.

Die Herausforderung besteht darin, die Fehlerkultur durch eine Lernkultur abzulösen. Der Fehler muss als erster Schritt auf dem Weg zur Verbesserung und zum Lernprozess verstanden werden.

Die Hirnforschung belegt, wie wichtig es ist, diese Fokussierung auf die Fehler durch eine Lernkultur zu ersetzen. Das menschliche Gehirn mit seinen Neuronen verändert sich immer weiter. Schon nach zwanzig Minuten

Beschäftigung mit einem unbekannten Thema lässt sich das Wachstum neuer Nervenverbindungen feststellen. Das bedeutet: Es wird gelernt. Damit die neuen Verbindungen aber auch tatsächlich von Bedeutung für unser Verhalten werden können, braucht es viele Wiederholungen, immer wieder Wiederholungen. Nur was immer wieder verarbeitet wird, hinterlässt auch bedeutende Spuren.

Für ein Unternehmen bedeutet dies: Die Lernbereitschaft des Einzelnen wird stark von der Führung des Teams, seiner Umgebung in einem Unternehmen und der Kultur im Team beeinflusst. Die Führungskräfte und auch der Shop-Floor-Manager müssen also prüfen, wie sie das Unternehmen, wie sie das Team zu einer Einheit verschmelzen, die lernen will. Entscheidend ist einmal mehr die Beispielkultur: Die Führungskräfte müssen es vorleben, dass ein Fehler etwas Positives ist.

Aber natürlich geht es nicht darum, möglichst viele Fehler zu machen. Jeder Fehler darf nur einmal passieren. Wenn er aber schon gemacht wurde, sollte er so genau analysiert werden, dass er in Zukunft eben nicht mehr auftritt.

16.2 Lernen vor Ort

In lernenden Organisationen werden begangene Fehler als wichtige Grundlage für zukünftige Erfolge angesehen. Darum wird beim Shop-Floor-Management ein System eingerichtet, das zu einem produktiven und konstruktiven Umgang mit Fehlern am Ort des Geschehens führt. Dieses System erlaubt es dem Shop-Floor-Manager, Fehler direkt in seinem Verantwortungsbereich aufzuspüren und zu beheben – und zwar gemeinsam mit allen am Prozess beteiligten Personen.

Der Ausgangspunkt der Lernkultur im Shop-Floor-Management ist mithin, dass sich alle Führungskräfte und Mitarbeiter stets um diejenigen Fehler kümmern, die im eigenen Arbeitsbereich entstehen.

Mit anderen Worten: Die Menschen, in deren Bereich ein Fehler passiert, werden auch als diejenigen Experten gesehen, die den Fehler zuallererst und am besten beheben und zugleich als Lernchance nutzen können.

Das ist ein weiterer Beweis für das Vertrauen, das dem Shop-Floor-Manager und seinem Team entgegengebracht wird. Wiederum zeigt sich: Leistung und Menschlichkeit bedingen einander.

Bei Fehlern, die in einem anderen und unbekannten Arbeitsbereich entstehen, schreiten andere Personen ein. Darum kümmern sich Mitarbeiter, die auf die Beseitigung eben jener Fehler spezialisiert sind.

Stopp, liebes Autorenteam, ich habe da mal eine Frage!
Aber es gibt doch auch abteilungsübergreifende Probleme, gerade bei Prozessoptimierungen. Was geschieht dann?
Dann sollten sich die verantwortlichen Führungskräfte und Mitarbeiter aus den verschiedenen betroffenen Abteilungen an einen Tisch setzen und den Prozess gemeinsam beleuchten. Diese gemeinsame Arbeit der Fehlerbeseitigung führt dazu, dass Abteilungsgrenzen mehr und mehr abgebaut werden und die Menschen zur übergreifenden Zusammenarbeit fähig sind. Bei einigen unserer Kunden etablieren wir derzeit vermehrt sogenannte KVP-Prozessbegleiter, die besonders abteilungs- und bereichsübergreifende Verbesserungsprojekte begleiten und moderieren. Diese KVP-Prozessbegleiter sind Experten in den Methoden des PDCA, der Moderation und der Teamentwicklung. Wir machen damit sehr gute Erfahrungen, da es so eine neutrale Person gibt, die von außen auf das Projekt schaut und für dessen Weiterentwicklung sorgt.

Die Konsequenz für den Shop-Floor-Manager ist: Er weiß, dass Fehler unvermeidlich sind, auch in seinem Bereich. Darum setzt er sich damit auseinander, wie er grundsätzlich mit Fehlern umgehen will. Und bei dem Umgang mit Fehlern im Shop-Floor-Management spielen vier Aspekte eine Rolle: identifizieren, kommunizieren, analysieren und experimentieren.

16.3 Aspekt 1: Fehler identifizieren

Als die renommierte Fluggesellschaft Swissair im Jahr 2002 liquidiert wurde, waren selbst die eigenen Mitarbeiter überrascht. Doch es gab Warnsignale, die aber ignoriert wurden. Ein enormes Gemeinsamkeitsgefühl war in der Firma verbreitet und führte dazu, dass andersartige Ansichten grundsätzlich abgelehnt wurden. Viele Mitarbeiter waren hauptsächlich darauf ausgerichtet, nicht anzuecken. Probleme wurden deshalb gar nicht erst angegangen. Aufgrund vergangener Erfolge fühlte man sich so unverletzlich, dass der eigene Bankrott unmöglich erschien.

Eindeutige Warnzeichen von außen wie schlechte Prognosen von Finanzinstituten wurden darum schlichtweg ignoriert. Das Hauptproblem: Da offiziell keine Fehler gemacht wurden, konnte auch nicht aus ihnen gelernt werden. Mit anderen Worten: Vorgefasste negative Einstellungen zu Problemen verhindern deren Lösung.

Hinzu kommt: Der positive Umgang zwischen den Teammitgliedern ist eine Grundvoraussetzung, um aus Fehlern zu lernen. Einzelpersonen wie auch Teams tendieren dazu, ihre Handlungen zu rechtfertigen und wie gewohnt weiterzuführen, auch wenn es auf der Hand liegt, dass Fehler gemacht werden.

Diese Einstellung kann zur Verteidigungshaltung auf der einen und Schuldzuweisungen auf der anderen Seite führen. Statt einen Lernprozess anzustoßen, ist man mit der kontraproduktiven Suche nach dem Schuldigen beschäftigt.

Zielführender ist es, den Fehler als Lernchance zu begreifen – er zeigt, an welchen Stellen es möglich ist, Prozesse und Abläufe zu verbessern. Reagieren Führungskraft und Mitarbeiter auf Fehler mit Sanktionen und Schuldzuweisungen, besteht die Gefahr der Fehler-Vertuschung. Denn wer will schon gern als Schuldiger am Pranger stehen?

Eine Lernkultur basiert also darauf, dass beim Auftreten von Fehlern nie die Suche nach den Schuldigen im Vordergrund steht, sondern die Fehleranalyse, die zu den wahren Problemursachen führt.

> **Merke**
>
> Darum ist es so wichtig, ein Klima zu erzeugen, in dem die Menschen bereit sind, Fehler einzugestehen und zuzugeben und vor allem die Verantwortung dafür zu übernehmen. Dann ist es leichter, Fehler zu identifizieren und eindeutig zu benennen, um schließlich daraus lernen zu können.

Aktive Fehlersuche ermöglichen

Um dieses Klima zu erzeugen, sind mehrere Voraussetzungen zu erfüllen. Die Beispielkultur der Führungskräfte wurde bereits genannt. Zudem darf das Zugeben von Fehlern nicht zu irgendwelchen Sanktionen führen. Im Gegenteil: Wer einen Fehler zugibt, darf mit Anerkennung rechnen, hat er doch einen konkreten Hinweis zur Verbesserung gegeben.

Ein lernendes Unternehmen scheut sich darum auch nicht, alle Beteiligten aktiv darum zu bitten, ja, sie aufzufordern, auf Fehler hinzuweisen. Es ist wie bei einem aktiven Reklamationsmanagement: Um die Hemmschwelle für Kundenbeschwerden zu senken, platzieren Firmen Gratisservicenummern gut sichtbar auf ihren Produkten. Es soll den Kunden leicht gemacht werden, auf Fehler hinzuweisen.

Dieselbe Philosophie wird nun in der Produktionshalle gelebt: Der Shop-Floor-Manager fragt bei den Mitarbeitern aktiv nach, ob sie Fehler entdeckt haben. Er fordert sie auf, von sich aus Fehler zu melden, diese am Shop-Floor-Board zu notieren oder gar eine „Servicenummer" zu nutzen, um der Führungskraft so rasch und unkompliziert wie möglich Bescheid zu geben, wenn ein Fehler entdeckt wurde.

Stopp, liebes Autorenteam, ich habe da mal eine Frage!
Manchmal fehlt im laufenden Betrieb einfach die Zeit, um sich um einen Fehler kümmern zu können oder ihn auch nur zu melden. Wie lässt sich das ändern?
Damit man Fehler entdecken kann, muss die gegenwärtige Tätigkeit unterbrochen werden können. Das ist natürlich nicht immer möglich. Dann müssen die notwendigen Freiräume geschaffen werden.

Wie soll das aussehen?
United Parcel Service (UPS) plant für jeden Fahrer in den USA eine halbe Stunde pro Woche ein, um Fragen stellen zu können und Feedback über Fehlerquellen zu erhalten. In der Produktionshalle könnte in Analogie dazu eine „Fünfminutenfehler-Pause" eingerichtet werden: Jede Woche kommt das Team einmal kurz zusammen, damit die Teammitglieder dem Shop-Floor-Manager über Fehler informieren können.

16.4 Aspekt 2: Über Fehler kommunizieren

Als 1999 eine Marssonde kurz vor dem Erreichen ihres Ziels verloren ging, lag dies vor allem an der mangelnden Kommunikation zwischen den Arbeitsteams. Die Sonde war gemeinsam von amerikanischen und britischen Wissenschaftlern gebaut worden. Diese übersahen die Tatsache, dass in England oft nicht metrische Maße verwendet werden. Die fehlende Kommunikation über die verwendeten Maßeinheiten führte zu dem für die NASA peinlichen Verlust der Sonde im Wert von 125 Millionen Dollar.

Vom Mars in die Produktionshalle – das Beispiel zeigt: Die Kommunikation zwischen den Menschen ist ein zentraler Punkt für eine lernende Organisation. Fehler müssen entdeckt, angezeigt und besprochen, Lösungen anschließend kommuniziert werden.

Die Diskussion im Team fördern: die Fünfminutenfehler-Pause

Oft ist mangelhafte Kommunikation zwischen Teammitgliedern oder unterschiedlichen Teams die Quelle, aus der ein Fehler resultiert. Um auf eine positive Weise über Fehler und Probleme sprechen zu können, ist eine offene Grundstimmung innerhalb des Teams notwendig. Persönliche Differenzen oder Rivalitäten zwischen Teammitgliedern oder verschiedenen Teams verhindern die konstruktive Suche nach Lösungen. Wenn Konflikte nicht direkt angesprochen werden, wird es schwierig, einen Fehler als Ausgangspunkt für einen Lern- und Verbesserungsprozess zu interpretieren.

> **Merke**
>
> Darum ist es wichtig, die Fehlersuche zu institutionalisieren. Wenn die „Fünfminutenfehler-Pause" als Möglichkeit zur Fehlerbenennung vorgegeben wird, fällt es den Teammitgliedern leichter, über Fehler zu kommunizieren. Die Pause wird als „natürlicher Rahmen" akzeptiert, in dem der Austausch über Fehler nicht nur erlaubt, sondern sogar erwünscht ist.

16.5 Aspekt 3: Fehlerquelle analysieren

Starten wir wieder mit einem Beispiel: Mitarbeiter Helmut Schulze hat im Montagevorgang vergessen, die Ohrringe einzulegen. Erst bei der Endkontrolle fällt der Fehler auf – fatale Folge: Das Produkt kann nicht zum Kunden geliefert werden. Wie geht der Shop-Floor-Manager damit um? Entscheidend ist die saubere Fehleranalyse: Dazu geht der Shop-Floor-Manager in einen offenen Dialog mit Herrn Schulze. So stellt sich im Analysegespräch heraus, dass der Mitarbeiter während der Arbeit kurz abgelenkt war. Ein Kollege hat ihn um einen Rat gebeten – und darum war er für einen kurzen Moment nicht mehr mit voller Konzentration bei der Sache.

Der Fehler ist also nur entstanden, weil der Arbeitsprozess auch weiterlaufen konnte, obwohl ein wichtiger Arbeitsschritt – eben das Einlegen der Ohrringe – nicht ausgeführt wurde. Auf der Basis dieser Analyse kann nun eine Lösung entwickelt werden: Der Prozess muss so umstrukturiert werden, dass er ohne das Einlegen der Ohrringe nicht weiter ablaufen kann. Und wenn der Mitarbeiter noch so sehr abgelenkt wird: Der Prozess darf und kann erst weiterlaufen, wenn der Arbeitsschritt des Ohrringe-Einlegens vollzogen wurde.

Das bedeutet: Die vordergründige Analyse des Fehlers hätte den Fokus auf die Tatsache gelenkt, dass Helmut Schulze abgelenkt wurde. Man hätte einen Schuldigen gefunden. Doch die Fehlerursache wäre damit nicht erkannt und ausgemerzt. Dies ist erst durch die intensive Fehleranalyse gelungen. Und jetzt kann dieser Fehler kein zweites Mal vorkommen.

Der Shop-Floor-Manager als Fehler-Analyst

Die Analyse begangener Fehler ist die Grundlage für zukünftige Erfolge. Dafür muss aber auch klar definiert sein, was überhaupt ein Fehler ist. Eine allgemeine Definition erleichtert die Kommunikation über Fehler. Christian Harteis, Johannes Bauer und Helmut Heid schlagen zur Beschreibung von Fehlern die Beantwortung von vier Fragen vor:

1. Was ist ein Fehler?
2. Weswegen ist es ein Fehler?
3. Wer bezeichnet es als Fehler?
4. Welche Folgen hat der Fehler?

Eine allgemeine Definition für den Shop-Floor-Manager, was ein Fehler ist, lautet: Ein Fehler ist ein von den allgemeinen Normen abweichender Sachverhalt oder Prozess, mithin eine Abweichung vom Standard.

Die Antwort darauf, weswegen etwas als Fehler betrachtet wird, ist dann wichtig, wenn eine Lösung für das Problem gefunden werden soll. Verschiedene Lösungsvorschläge können daraufhin geprüft werden, ob sie das Problem tatsächlich lösen oder es nur verlagern. Die zielgerichtete Suche nach einer Lösung wird durch die Beantwortung der Frage „Weswegen ist es ein Fehler?" erleichtert.

Wer entscheidet darüber, ob etwas ein Fehler ist oder nicht? Bei den komplexen Abläufen, wie sie in Produktionshallen üblich sind, sind es oft nicht die betroffenen Personen selbst, die festlegen, was ein Fehler ist und wann genau ein Fehler vorliegt. Vielmehr wird aufgrund der Hierarchie im Unternehmen bestimmt, wo Fehler vorkommen.

Die Transparenz über Entscheidungen, was ein Fehler ist und wie damit umgegangen wird, ist aber wichtig. Idealerweise werden Kriterien offengelegt, nach denen später entschieden wird, ob ein Fehler vorliegt oder nicht. Zusätzlich muss dem Team ein Mitspracherecht eingeräumt werden.

Stopp, liebes Autorenteam, ich habe da mal eine Frage!
Ist das nicht eine etwas akademische Diskussion? Ist Fehler nicht gleich Fehler, egal, wer ihn benennt?
Keineswegs. Wir plädieren dafür, wo immer möglich, vor Ort bestimmen zu lassen, was ein Fehler ist und wann ein Fehler vorliegt. Wie gesagt: Die Mitarbeiter vor Ort können dies meistens am besten. Konkret: Der Shop-Floor-Manager und sein Team können oft genau beurteilen und analysieren, ab wann die Abweichung von einem Standard bedenklich ist. Ganz abgesehen von der Wertschätzung, die ihnen erwiesen wird, indem man ihnen zutraut, den Fehler zu entdecken und zu beseitigen – und zu lernen.

Gewichtung der Fehler vornehmen

Die Frage, welche Folgen ein Fehler hat, ist wichtig, um darüber zu entscheiden, ob es sich lohnt, weitere Energie in die Fehlerbeseitigung zu investieren. Das „Ohrringe"-Beispiel zeigt, dass die detaillierte Analyse eines Fehlers oft den Vorteil hat, den wahren Ursachen auf die Spur zu kommen. Und sobald diese Ursachen feststehen, lohnt es sich durchaus, in die Fehlerbeseitigung zu investieren.

Die Frage nach den Folgen eines Fehlers erlaubt überdies eine Priorisierung, also eine Gewichtung der Fehler. Die gleichzeitige Lösung aller Probleme ist oft kein realistisches Ziel im Tagesgeschäft eines Shop-Floor-Managers. Vielmehr gilt es, zunächst einmal die folgenreichsten Fehler zu identifizieren und sich hauptsächlich um deren Lösung zu kümmern.

Allerdings: Auch kleine Fehler sollten Beachtung finden, sie sind oft erste Warnsignale. Werden sie ignoriert, können sie sich summieren und zu weitaus größeren Problemen führen.

16.6 Aspekt 4: Keine Angst vor Experimenten

Je nachdem, wie viele Risiken eingegangen werden, ist die Wahrscheinlichkeit, Fehler zu begehen, unterschiedlich. Wird mit neuen Arbeitsschritten experimentiert, so erhöht sich automatisch das Fehlerrisiko. Doch dies darf nicht dazu führen, nun „alles beim Alten" zu belassen. Denn durch das Experiment und die Abweichung vom Üblichen werden Innovationen erst möglich. Unternehmen mit einer positiven Grundhaltung gegenüber Fehlern sind innovativer, produktiver und erfolgreicher als Firmen, welche weniger Risiken eingehen.

Hinzu kommt: Wenn, wie im Shop-Floor-Management üblich, die Führungskräfte und Mitarbeiter mehr Verantwortung übernehmen und Neues wagen dürfen und sollen, wächst zeitweise die Fehler-Wahrscheinlichkeit. Umso wichtiger ist die Etablierung einer positiven Lernkultur, bei der Fehler als Chancen definiert werden.

Durch die zusätzliche Autonomie können Mitarbeiter überdies zum Teil der Lösung werden. Innovative und mutige Lösungen ohne Angst vor neuen Wegen und auch Experimenten sind notwendig.

Zur Analyse und zur Lösung eines Problems können zum Beispiel temporäre Arbeitsgruppen aus einzelnen Teammitgliedern oder in Zusammenarbeit mit anderen Teams gebildet werden. Dafür müssen den Teammitgliedern natürlich Informationen über den aktuellen Stand der Dinge wie auch das angestrebte Ziel zur Verfügung stehen.

Um andere und neue Ansichten in die Projektgruppe hineinzubringen, können überdies gezielt Personen von außerhalb – etwa aus anderen Abteilungen – in die Gruppe eingebaut werden. Deren Aufgabe besteht weniger darin, Antworten zu geben, als darin, die richtigen Fragen zu stellen und damit das Team zu inspirieren. Wer „von außen" hinzustößt, kann die unbefangene Helikopter-Perspektive einnehmen und aus der Distanz die Fehlerursachen und damit die Lernchancen besser entdecken und auch ungewöhnliche Problemlösungen anstoßen.

Fazit: Die Kernbotschaften des sechzehnten Kapitels

- Aufgrund der komplexen Anforderungen sind Fehler in Unternehmen auch in Zukunft kaum vermeidbar. Notwendig ist eine intelligente Fehlerkultur, bei der aus begangenen Fehlern die richtigen Lehren gezogen werden.
- Es geht um den Aufbau einer Lernkultur, die einen Beitrag zur ständigen Verbesserung leistet.
- Der Umgang mit Fehlern beim Shop-Floor-Management ist mit den Begriffen „identifizieren, kommunizieren, analysieren und experimentieren" treffend beschrieben.
- Insbesondere die Kommunikation über Fehler, Fehlerursachen und Lernchancen führt zu einem produktiven Umgang mit Fehlern. Wichtig ist daher, dieser Kommunikation einen institutionellen Rahmen zu geben, etwa durch die Einführung einer „Fünfminutenfehler-Pause".
- Nachdem ein Fehler erkannt wurde, muss er analysiert werden, um die Ursachen festzustellen und Lösungen zur Fehlerbeseitigung und -vermeidung zu finden.

Ausblick auf Teil E: Im letzten Kapitel erhalten Sie Anregungen, wie Sie in Ihrem Unternehmen das Konzept des Shop-Floor-Managements umsetzen können.

Teil E:
Das Konzept des Shop-Floor-Managements umsetzen

17.
Ins Handeln kommen

Wissen allein reicht nicht aus, man muss es auch anwenden und in der Praxis ein- und umsetzen. Johann Wolfgang von Goethe hat in seinem Roman *Wilhelm Meisters Wanderjahre* geschrieben:

„*Es ist nicht genug, zu wissen, man muss auch anwenden; es ist nicht genug, zu wollen, man muss auch tun.*"

Johann Wolfgang von Goethe

Darum geben wir hier erste Anregungen, wie Sie in Ihrem Verantwortungsbereich die Prinzipien der Vor-Ort-Philosophie und des Shop-Floor-Managements verwirklichen können. Es geht darum, dass Sie das Shop-Floor-Management-Know-how jetzt anwenden und in der Praxis umsetzen.

17.1 Umsetzungsfragen beantworten

Jeder Unternehmer, jede Führungskraft sollte überlegen, inwiefern sich die hier dargestellten Überlegungen auf den jeweiligen Verantwortungsbereich übertragen lassen. Dabei hilft die intensive Beschäftigung mit den folgenden Fragen:

Stellt das Shop-Floor-Management mit seinem Vor-Ort-Führungskonzept eine Alternative zu dem bisher eingeschlagenen Weg dar?

Welche Vorteile lassen sich erzielen, wenn Shop-Floor-Management eingeführt wird?

Mit welchen Nachteilen muss gerechnet werden? Wie können diese Nachteile minimiert werden?

Welche Stolpersteine und Hindernisse könnten auftreten?

Wie lässt sich verhindern, dass diese Stolpersteine und Hindernisse überhaupt erst auftreten – und wie lassen sie sich aus dem Weg räumen? Ein Beispiel wäre, dass sich die Führungskräfte und Mitarbeiter gegen die mit dem Shop-Floor-Management einhergehenden Veränderungen sperren.

Welche sind die ersten Umsetzungsaktivitäten auf dem Weg zum Shop-Floor-Management? Womit muss begonnen werden?

Welche Hilfe von außen ist notwendig, damit es gelingt, in die Umsetzung zu kommen?

Gibt es Best-Practise-Beispiele, also Unternehmen, die als Vorbilder dienen können? Wie machen es „die anderen"? Lassen sich deren Erfahrungen nutzen, kann aus deren Erfahrungen gelernt werden?"

Wie lässt sich der Kontakt zu Menschen knüpfen (zum Beispiel zu Vertretern anderer Unternehmen, zu Beratern), die die Planung und Einführung des Shop-Floor-Managements bereits absolviert haben, sodass sich deren praktische Erfahrungen nutzen lassen?

Welche strukturellen, organisatorischen und personellen Veränderungsprozesse müssen durchgeführt werden, um Shop-Floor-Management einzuführen?

Welche Kompetenzen müssen die Mitarbeiter, die sich zum Shop-Floor-Manager oder zum Teamleiter Produktion entwickeln sollen, aufbauen, um ihre neuen Aufgaben erfüllen zu können?

Wie muss das Konzept verändert werden, damit es zu den spezifischen Bedingungen des Unternehmens passt?

 **Stopp, liebes Autorenteam, ich möchte mich ein letztes Mal einmischen!**
Geht es nicht etwas konkreter? Ich fürchte, es gibt keine einfache Handlungsanleitung, mit der sich Shop-Floor-Management einführen lässt?

Leider nein, jedenfalls nicht im Rahmen eines Buches. Denn hinter dem Shop-Floor-Management steckt ja eine Philosophie, eine Einstellung, eine Überzeugung, wie sich Produktion neu gestalten lässt. Da können wir hier an dieser Stelle mit Handlungsanweisungen nach dem Motto: „Tue erstens das, zweitens jenes und drittens schließlich dieses …" nicht dienen. Auch die oben genannten Fragen vermögen nur an der Oberfläche des Programms zu kratzen, das zur Einführung des Shop-Floor-Managements notwendig ist. Trotzdem: Die Fragen und die Lektüre des Buches sowie der Austausch mit Menschen, die bereits Erfahrungen mit dem Shop-Floor-Management gesammelt haben, können dazu führen, ein erstes farbiges Umsetzungsbild zu malen und die ersten Schritte in Angriff zu nehmen.

Übrigens: Wir, das Autorenduo, wollen uns noch recht herzlich für Ihre kritisch-konstruktive Begleitung bedanken!

17.2 Den Austausch mit Führungskräften und Mitarbeitern suchen

Eines sollte im Laufe der bisherigen Lektüre deutlich geworden sein: Die Neugestaltung der Produktion, das Shop-Floor-Management und die Vor-Ort-Führungsphilosophie lassen sich nur dann realisieren, wenn die Beteiligten mitziehen, sich für den Wandel engagieren, wenn sie zu Akteuren der Veränderungsprozesse werden, die notwendig sind, um ans Ziel „Shop-Floor-Management" zu gelangen.

Darum ist die kommunikative Überzeugungskraft derjenigen gefragt, die das Shop-Floor-Management verantwortlich und federführend einführen wollen. Diese Unternehmensvertreter sollen und müssen mit den Menschen sprechen, die von den Veränderungen betroffen sind, sich ihre Ansichten, ihre Vorbehalte, Kritikpunkte und Einwände, aber auch ihre konstruktiven Anregungen anhören – und in die Umsetzungsschritte hin zum Shop-Floor-Management einfließen lassen.

Ohne die Beteiligung und Überzeugung, das Engagement und die gestaltende Kraft der beteiligten Menschen geht es nicht. Die unternehmerische Zukunft mit Shop-Floor-Management lässt sich gestalten, wenn alle Führungskräfte und Mitarbeiter ihren Beitrag leisten.

Literaturverzeichnis

Blanchard, Kenneth; Spencer Johnson: Der Minuten Manager. 14. Auflage, Rowohlt Verlag, Reinbek 2002.

Blanchard, Kenneth; Patricia Zigarmi; Drea Zigarmi: Führungsstile. 8. Auflage, Rowohlt Verlag, Reinbek 2002.

Csikszentmihalyi, Mihaly: Das *flow*-Erlebnis. Jenseits von Angst und Langeweile: im Tun aufgehen. 11. Auflage, Klett-Cotta, Stuttgart 2010.

Dettmer, Markus; Janko Tietz: Jetzt mal langsam! In: Der SPIEGEL 30/2011, S. 58-68.

Ebner, Gabriele; Peter Heimerl; Elke M. Schüttelkopf: Fehler. Lernen. Unternehmen. Wie Sie die Fehlerkultur und Lernreife Ihrer Organisation wahrnehmen und gestalten. Peter Lang Verlag, Frankfurt am Main 2008.

Faix, Werner G.; Christa Buchwald; Rainer Wetzler: Der Weg zum schlanken Unternehmen. Verlag Moderne Industrie, Landsberg/Lech 1994.

Fisher, Roger; William Ury; Bruce Patton: Das Harvard-Konzept. Sachgerecht verhandeln – erfolgreich verhandeln. 23. Auflage, Campus Verlag, Frankfurt am Main 2009.

Harteis, Christian; Johannes Bauer; Helmut Heid: Der Umgang mit Fehlern als Merkmal betrieblicher Fehlerkultur und Voraussetzung für Professional Learning. In: Revue suisse des sciences de l' éducation, 28, S. 111-129, 2006.

Hersey Paul; Kenneth H. Blanchard; Dewey E. Johnson: Management of Organizational Behavior. Leading Human Resources. 10. Edition, Prentice-Hall, Upper Saddle River, NJ, 2012.

Hohl, Dieter: Führung als Dienstleistung (er)leben. Sieben Wachstumsgesetze als Grundlage für erfolgreiche Führung im 21. Jahrhundert. go! LiveVerlag, Düsseldorf 2010.

Liker, Jeffery K.: The Toyota Way: 14 Management Principles from the World's Greatest Manufacturer. McGraw-Hill, Columbus 2004.

Liker, Jeffrey K.; David P. Meier: Der Toyota Weg: Für jedes Unternehmen. FinanzBuch Verlag, München 2007.

Lindinger, Christoph; Ina Goller: Change Management leicht gemacht. Heute hier, morgen dort? Redline Wirtschaftsverlag, Frankfurt am Main 2004.

Peters, Remco: Shopfloor Management. Führen am Ort der Wertschöpfung. LOG_X Verlag, Stuttgart 2009.

Prochaska, James; John Norcross; Carlo DiClemente: Changing for Good: A Revolutionary Six-Stage Program for Overcoming Bad Habits and Moving Your Life Positively Forward. William Morrow Paperbacks, Avon Books, New York 1995.

Riegger, Markus: Großer Qualitätssprung durch Shopfloor Management. In: MaschinenMarkt 27/2011.

Rother, Mike: Die Kata des Weltmarktführers. Toyotas Erfolgsmethoden. Campus Verlag, Frankfurt/New York 2009.

Schein, Edgar H.: Führung und Veränderungsmanagement. EHP-Verlag Andreas Kohlhage, Bergisch Gladbach 2009.

Seligman, Martin E.: What you can change and what you can't. The complete guide to successful self-improvement. Learning to accept who you are. Vintage Books, New York 2007.

Senge, Peter M.: Die fünfte Disziplin. Kunst und Praxis der lernenden Organisation. 10. Auflage, Klett-Cotta, Stuttgart 2008.

Siegert, Werner: Ohne Ziele keine Treffer. Ziele – Wegweiser zum Erfolg. 3. Auflage, Kastner Verlag, Wolnzach 2006.

Stempfle, Doris; Ricarda Zartmann: Mitarbeiter statt Maschinenpark. In: acquisa 07-08/2012, S. 52-53.

Suzaki, Kiyoshi: The New Shop Floor Management. Empowering People for Continuous Improvement. The Free Press, New York 1993 (Neuauflage 2010).

Tuckman, Bruce W.: Developmental Sequence in Small Groups. In: Psychological Bulletin, Vol. 63, 1965, S. 384-399.

Velmerig, Carl Otto; Karl Schattenhofer; Christian Schrapper (Hrsg.): Teamarbeit. Konzepte und Erfahrungen – eine gruppendynamische Zwischenbilanz. Beltz Juventa, Weinheim und München 2004.

Vonhoff, Bernd; Gerald Reischl: Erfolgsfaktor Sinn. Die Entdeckung der Zufriedenheit. Carl Ueberreuter Verlag, Wien 2009.

Wittschier, Bernd M.: Gesprächsführung und Gesprächstechniken für Führungskräfte: In: Loseblattsammlung „Organisation", hrsg. v. Rolf Bühner, 31. Nachlieferung, verlag moderne industrie, München 2002.

Zapf, Dieter; Norbert K. Semmer: Stress und Gesundheit in Organisationen. In: Schuler, Heinz (Hrsg.): Organisationspsychologie - Grundlagen und Personalpsychologie (Enzyklopädie der Psychologie, Themenbereich D, Serie III, Band 3, S. 1007-1112). Hogrefe Verlag, Göttingen 2004.

Stichwortverzeichnis

Symbole

4-P-Modell 192 f.
5× Warum 204, 230
6-W-Fragen 226 ff., 234

A

Aktionsplan 238
Aktive Fehlersuche 254
Alltags-Coaching 104 ff.
Arbeitsvorbereiter und Industrial Engineer 77
Aufgaben des Shop-Floor-Managers 67, 70, 76, 150, 192, 197, 208, 243, 245
Aufmerksames Zuhören 93
Aufträge 10, 17, 23, 82, 141, 167
Ausführungsebene 31, 33, 36 f., 85, 87
Ausweg aus dem Dilemma 17

B

Back to the roots 28
Balance zwischen Leistung und Menschlichkeit 16
Belastung 161, 163 f.

C

Change-Agent 175 ff., 180 f.
Change-Management-Modell der PTA 187

D

Den Menschen vertrauen 25
Dokumentation 82, 201
Doppelrolle 90 f., 96, 107, 165 f.

E

Eigenständigkeit 85
Einflussmöglichkeiten auf Stressoren 170
Emotionen im Veränderungsprozess 186
Entfremdung 34

F

Fabrikrundgang 30
Fachexperte 70, 72, 78
Feedback 79 f., 93, 123, 197
Fehler als Lernchance 43, 254
Fehler identifizieren 253
Fehlerkultur 44
Fehlerquellen 255
Fehler – über Fehler kommunizieren 256
Flexibilität 32
Flow-Erlebnis 164
Fragetechniken 93, 95
Führung 10, 23, 30, 70, 83
Führungskraft 10, 17 ff., 23, 30, 65, 70 ff., 83
Führungsphilosophie 12, 23, 26, 28, 47, 161, 177, 180, 266
Fünfminutenfehler-Pause 255, 257, 261

G

Gegenseitiges Vertrauen 85
Gesetzmäßigkeiten für Veränderungsprozesse 180
Gewichtung der Fehler 259

H

Hancho 65 f., 71
Handlungsanleitung 266
Handlungsspielraum 164
Hilfe zur Selbsthilfe 78 f., 106

I

Ich-Botschaften 123 f.
Ideenfindung 74
Ideenzentrum 212, 219
Information und Transparenz 187
Informationszentrum 210 ff.
Innere Haltung des Shop-Floor-Managers 80
Ishikawa-Diagramm 230

J

Job-Instruction-Methode 149

K

Kennzahlen 21, 86, 110, 113 ff., 126, 154, 204
Kollege als Kunde 46
Kommunikationsstruktur 217 ff.
Konflikt als Chance 131 f.
Konfliktanalyse 136
Konfliktherd 133 f.
Konfliktlösekompetenz 130, 138, 144, 153
Konfliktsituationen 130, 140
Konfliktsymptome 132
Können – Wollen – Dürfen 119 ff.
Konsens 123, 130, 134 f., 138 f., 140, 142, 144, 152, 154
Konstruktiver Dialog 188
Kontinuierliche Verbesserung 37, 72
Kontrolle 29, 96, 126, 165, 206 f.
Kreative Problemlösung 245
Kundenzufriedenheit 28, 46, 51, 115

L

Lean-Management 10, 32, 33, 34
Lean-Management falsch verstanden 32
Leistung 9 f., 12, 16, 23, 41f., 44, 47, 62, 75, 84, 103, 119, 146, 252
Leistungssteigerung 11
Leistungsziele 115, 117, 128
Lernen vor Ort 251
Lernkultur 44, 250, 252, 254, 260 f.
Loben 41
Lösungen finden 124, 232

M

Matrix- anstelle von Abteilungsorganisation 51
Matrixorganisation 49 ff.
Meetingexperte 214
Meetingkultur 209 ff.
Meetings auf mehreren Ebenen 218
Meister 17, 29, 32, 71
Menschlichkeit 9, 10, 12, 16, 26, 47, 62, 103, 160, 174, 252
Messgrößen 195, 198, 224
Mitarbeiterorientiertes Verhalten 92
Mitarbeiter und Teams qualifizieren 145 ff.
Mitarbeiterzufriedenheit durch Wertschätzung und Anerkennung 38
Mitgestaltung 190

N

Nähe 45, 60, 65, 73 f., 77, 87
Nähe – mental 60
Nähe – räumlich 60, 65, 73 f., 77
Neue Arbeitsphilosophie 15 ff.
Neuer Standard 76, 200
Neues Denken 50 ff.

O

Organisationsprinzipien 69

P

Pareto-Prinzip 228 f.
PDCA-Kreislauf 192, 204 ff., 222 ff., 230, 232, 234, 238, 250
Persönliche Entwicklungsziele 115 f.
Phasenmodell der Teamentwicklung 151
Phasen des Veränderungsprozesses 182 ff.
Prioritätenmatrix 232 f.
Proaktive Lösungen 124
Problemdefinition 227
Problemlösestory 222 f., 239
Problemlösetechniken 245
Problemlösungsprozess 222, 234, 238
Produkt 33, 46, 51, 119, 203, 257
Produktionsprozess 18, 73, 165, 196
Produktionsteams 18, 35
Produktiver Umgang mit Stress 168
Projektteamsitzungen 201
Prozesse 37 f., 45, 242 ff.
Prozesse planen 76
Prozessfluss- und Verschwendungsanalyse 243 ff.
Prozessoptimierung 179, 244 ff.
Pufferbestände 178 f.

Q

Qualifizierungsgespräche 146
Qualität 22, 32, 37, 44 ff., 75, 82, 85, 126, 155, 167
Qualitätsanspruch 18
Qualitätsverbesserung 17, 45, 195
Qualitätszirkel 37, 203

R

Reifegrad 100, 101, 103
Rolle des Shop-Floor-Managers 76
Rückkopplungseffekt 217

S

Schicht 18, 37, 82, 85, 155, 165, 227
Schlanke Produktion 23
Schnelligkeit 32
Selbstorganisation 72, 85
Selbstwirksamkeit 84, 161
Shop-Floor-Board 20, 31 f., 37, 40, 43 f., 59, 74, 205, 209 ff., 217, 219, 228, 255
Shop-Floor und Menschen zurückerobern 35
Sich selbst erfüllende Prophezeiung 167 f.
Sinnhaftigkeit 25, 60, 75, 176 f., 196
Situativer Führungsstil 97 ff.
SMARTe Ziele 118
Standards 70, 75, 78 f., 156, 196, 201, 206 f., 222, 238
Sterne-Modell 82 f., 86
Stresskompetenz 162, 168, 174
Stressprophylaxe 161 f.
Stress-Typen 168
Systematische Problemlösung 221 ff.

T

Teamgespräche 154
Teamleiter Produktion 12, 64 ff., 72, 81 ff., 85 ff., 265
Teams 21 f., 24 f., 29, 50 f., 57 f., 61, 63 ff., 70, 72, 75, 81 ff., 85, 87, 91, 97, 99 f., 107, 130, 133, 143, 146, 150 ff., 168, 178, 189, 206, 213, 235, 251 ff., 260

Training on the job 77 f.
Troubleshooting 160, 162, 174

U

Überzeugungskraft 19, 266
Umsetzungsfragen 264
Unternehmenskultur 45, 54, 59, 193 f., 208
Unterschied Shop-Floor-Manager und Teamleiter Produktion 64 ff.

V

Veränderung auf Organisationsebene 50 ff.
Veränderungsprozess 179 ff.
Verbesserungsexperten 191, 204, 208
Verbesserungspotenzial 79
Verbesserungswillen 197
Verkauf 17
Verschlankung 33 f.
Verschwendung eliminieren 73, 178 f.
Verschwendung erkennen 202 f.
Verschwendungsarten 178 f., 192, 202 ff.
Vertrauen rechtfertigen, Vertrauen fordern 97
Vertrauensbildende Maßnahmen 95
Vertrauensvolle Beziehung 11
Visual Management 209
Vom Kollegen zum Chef 90
Vorarbeiter 17, 21, 34, 125
Vor-Ort-Führung 12
Vorteile der Matrixorganisation 53
Vorteile des Shop-Floor-Managements 36

W

Wertschätzende Anerkennungskultur 39 ff.
Wertschätzende Führungskultur 161 ff.
Wertschätzende Vertrauenskultur 191 ff.
Wertschätzung 16, 22, 28, 32, 38 f., 42, 45, 46, 81, 87, 95, 113, 122, 194, 199, 259
Wertschöpfung 12, 16, 28, 32, 36, 50, 56, 58, 73, 87, 89, 195, 202, 270
Widerstände als Herausforderung 185
Widerständ überwinden 19, 178

Z

Ziele 16, 21 f., 36, 80, 97, 102 f., 109 ff., 122, 124 ff., 131, 137, 146, 152 ff., 187, 204, 211, 217, 271
Zielerreichung controllen 127
Zielorientiertes Führen 109 ff.
Zielpyramide 111 f.
Zielvereinbarung 113
Zielvereinbarungsgespräch 110, 122, 126, 128
Zukunft, Leistung und Menschlichkeit 10, 16

Raus aus der Lean-Falle

Daniela Best, Albert Hurtz
Raus aus der Lean-Falle
Lean erfolgreich zur Gewohnheit machen

216 Seiten; 2014; 34,80 Euro
ISBN 978-3-86980-272-5; Art-Nr.: 950

Das Toyota-Prinzip begeistert seit über 50 Jahren das Management. Kundennähe, permanente Verbesserung mit schlanken, wirtschaftlichen, ressourcenschonenden Prozessen versprechen Flexibilität und Effizienz. Doch kaum ein Unternehmen hat damit nachhaltigen Erfolg. Regelmäßig tappen Unternehmen in die Lean-Falle. Die gut gemeinten Lean-Ansätze verlassen den produktionsnahen Bereich kaum und spätestens auf der Management-Ebene ist der Lean-Ansatz so verwässert, dass vom ursprünglichen Gedanken nur wenig übrig bleibt.

Denn die nachhaltig erfolgreiche Entwicklung des Unternehmens ist nicht alleine mit dem Einsatz von Methoden zu erreichen. Sie gelingt nur mit einem tief greifenden Einstellungs- und Verhaltenswandel. Das Neue zur Gewohnheit machen, die Verhaltensweisen konsequent umstellen – das ist der Schlüssel zum Erfolg.

Denkt und handelt endlich lean ! Denn Lean-Management kann man nicht einfach einführen. Lean-Management muss gelebt werden – vom Management bis in den letzten Winkel der Produktion und Administration.

Wie gelingt es aber, eine Kultur der kontinuierlichen Verbesserung zu verankern? Wie schaffen es Unternehmen, in allen Abteilungen das Hamsterrad des Trouble Shooting zu verlassen und Problemquellen systematisch zu identifizieren und zu eliminieren?

Antworten drauf liefern der Ingenieur Dr. Albert Hurtz und die Psychologin Daniela Best in ihrem neuen Buch. Sie zeigen, wie es gelingt, die Verhaltensweisen und Einstellungen von Führungskräften und Mitarbeitern zu verändern und Lean zu wahrem Leben zu erwecken.

www.BusinessVillage.de

Was Sie schon immer über Führung wissen wollten ...

Jörg Steinfeldt
Was Sie schon immer über Führung wissen wollten ...
... und was davon bereits in Ihnen steckt

168 Seiten; 2012; 24,80 Euro
ISBN 978-3-86980-156-8; Art.-Nr.: 874

Sie haben schon viele Management-by-Methoden ausprobiert und Seminare für Führungskräfte besucht? Gebracht haben Ihnen diese üblichen Gaukeleien und Methoden vermutlich nichts. ICH, DU, WIR – Beziehungen zwischen Menschen und ein respektvolles Miteinander funktionieren eben nicht im Zwangskorsett. Jeder hat sich selbst als Führungskraft zu (er-)finden – eine grundlegende wie spannende Entwicklung.

Eine Erkenntnis, die für viele Führungskräfte zu spät kommt. Denn in vielen Führungsetagen bietet die dünne Luft einen hervorragenden Lebensraum für Flachflieger. Der Autor Jörg Steinfeldt ist eine erfahrene Führungskraft und macht in einer einzigartigen Mischung aus bissigem Humor und Einblicken in die Wirren der Führungsetagen deutlich, welche Ansprüche an heutige Führungskräfte gestellt werden.

Dieses Buch ist eine Denkanleitung fürs Management. Ein Buch für Führungskräfte und all jene, die es werden wollen.
Buch der Woche

„Dieses Buch ist kein Ratgeber, keine Checkliste zum schnellen Abarbeiten und Lernen von Führungswerkzeugen. Das kommt der Wirklichkeit näher als viele hochgelobte Bestseller, von denen man am Ende vielleicht nur eine Erkenntnis mitnimmt."

Hamburger Abendblatt, 1.07.2012

www.BusinessVillage.de

Radikale Innovation

Jens-Uwe Meyer
Radikale Innovation
Das Handbuch für Marktrevolutionäre

256 Seiten; 2012; 24,80 Euro
ISBN 978-3-86980-134-6; Art-Nr.: 867

Fortschritt war gestern – Unternehmen, die im Wettbewerb bestehen wollen, müssen die Revolution ausrufen: Radikale Innovation. Sie brauchen Produkte, für die es noch keine Märkte gibt. Dienstleistungen, die niemand für möglich hält. Und Geschäftsmodelle, die die Regeln ganzer Branchen auf den Kopf stellen. Innovationen, die mutige Pioniere erfordern – und nicht Verwalter aufwendiger Prozesse.

Doch hier herrscht Mangel. Draußen verändert sich die Welt, drinnen verändert sich die Powerpoint-Präsentation. Draußen wird die digitale Revolution ausgerufen, drinnen der Abstimmungsprozess neu aufgesetzt. Draußen sind Rebellen dabei, neue Märkte zu erobern, drinnen überlegen Manager, wie sie sich absichern, bevor sie handeln. Quer durch alle Branchen ist die Mehrheit der Unternehmen und Institutionen heute nicht in der Lage, radikale neue Ideen zu entwickeln.

Radikale Innovation erfordert radikale neue Konzepte. Konzepte, mit denen Unternehmen beweglicher und mutiger werden. Konzepte für Macher, die sich nicht damit abfinden, dass große Ideen irgendwo im Bermuda-Dreieck der festgefahrenen Unternehmensstrukturen verschwinden. Und ein neues Denken – statt Konzepte wiederzukäuen, die in den Neunzigerjahren aktuell waren.

Das neue Buch von Jens-Uwe Meyer, einem der anerkanntesten Innovationsexperten in Deutschland, stellt bahnbrechende Denkansätze vor. Ein Handbuch aus der Praxis, das anhand internationaler Fallstudien und der Erkenntnisse aus Hunderten von Innovationsprojekten zeigt, wie Unternehmen durch radikal neue Wege zu Innovationsgewinnern werden.

„Einer der führenden Experten für Innovation in Deutschland"

FAZ